一周就能织好的超萌宝贝装

（0~24 个月）

handmade baby wears

日本美创出版　编著　何凝一　译

红星电子音像出版社

目录 contents

衬袄　p8
1　2
0~12 个月

庆典礼裙 & 兜帽　p10
3　4
0~12 个月

背心　p12
5　0~12 个月
6　12~24 个月

襁褓　p14
7

小熊玩偶　p15
8

长款背心　p16
9　0~12 个月
10　12~24 个月

斗篷　p18
11　0~12 个月
12　12~24 个月

背心　p20・21
13　14
12~24 个月

无袖连身裙　p22・23
15　16
12~24 个月

手套　p24

17

0~12 个月

18

12~24 个月

两用的帽子 & 围脖

p25

19

12~24 个月

帽子　p28・29

24

25

26

27

12~24 个月

开衫　p30

28

29

12~24 个月

短袜　p26

20

21

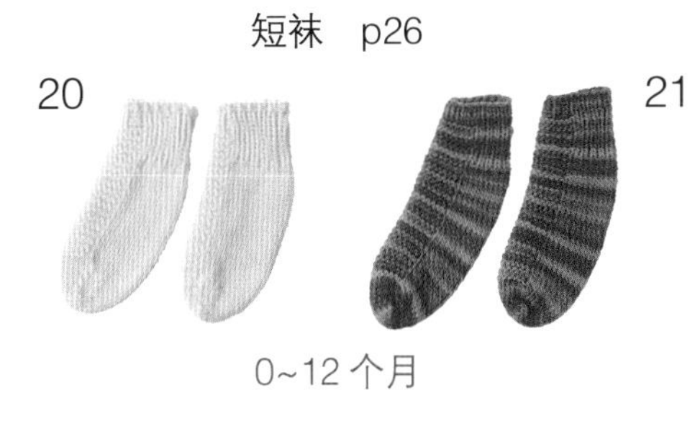

0~12 个月

暖腿套　p27

22

23

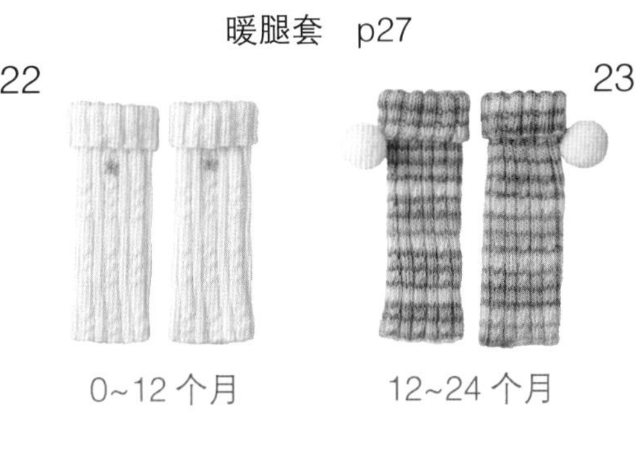

0~12 个月　　12~24 个月

编织方法的基础…p4

本书用线的介绍…p32

钩针钩织的基础…p59

棒针编织的基础…p62

其他基础检索…p64

●编织方法的基础中为了方便解说，在图片步骤中更换了编织线的粗细和颜色。

●由于印刷的关系，编织线的颜色与色号多少存在差异。

基本教程 编织方法的基础

※ 为了使解说更清晰明了，图片步骤中特意更换了线的粗细和颜色。
※ 既有共通的基础解说，也有不同作品的分别解说。

●钩针钩织

接缝…行间与行间的缝合。订缝…针脚与针脚的缝合。
※ 针对不同的部分，也有采用行间与针脚缝合的情况。

锁针接缝（侧边与袖下的接缝、拼接袖子的方法）

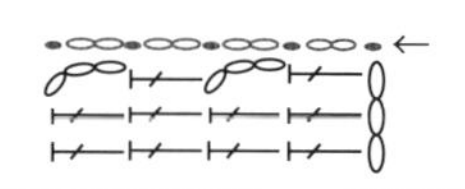

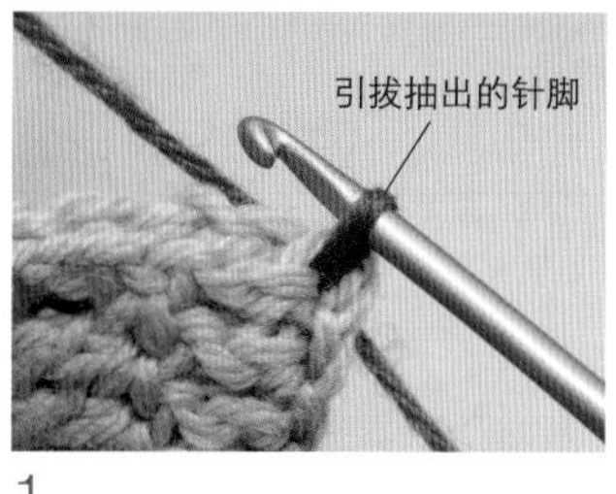

1
织片正面相对合拢，将钩针插入起针顶端的针脚中，挂线后引拔抽出。

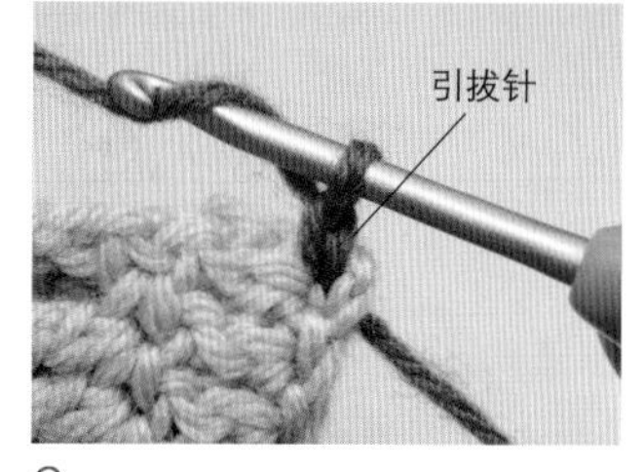

2
再次针上挂线，织入 1 针引拔针。

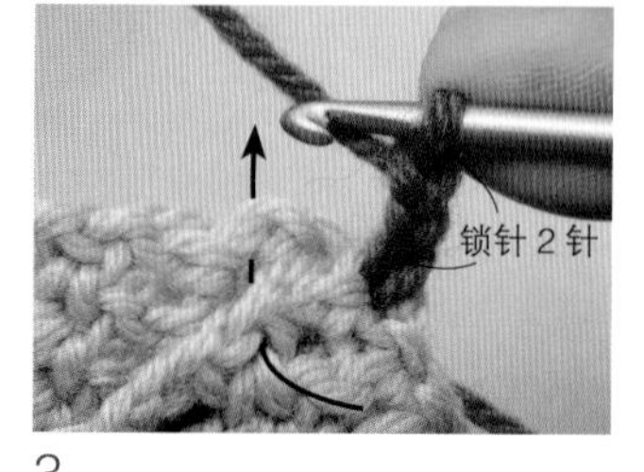

3
继续钩织 2 针锁针，接着再将钩针插入顶端针脚的头针和头针（与第 2 行交接的头针）之中，织入 1 针引拔针。

4
重复织入“1 针引拔针，2 针锁针”，缝合。根据花样调整锁针的针数，然后织入相应的锁针，至引拔钩织的位置（下一行针脚的头针处）。

锁针订缝（肩部与兜帽顶部的缝合方法）

※ 钩织镂花花样时可使用此方法。

1
织片正面相对合拢，将钩针插入顶端针脚的头针中，挂线后引拔抽出。

2
再次在针上挂线，织入 1 针引拔针。

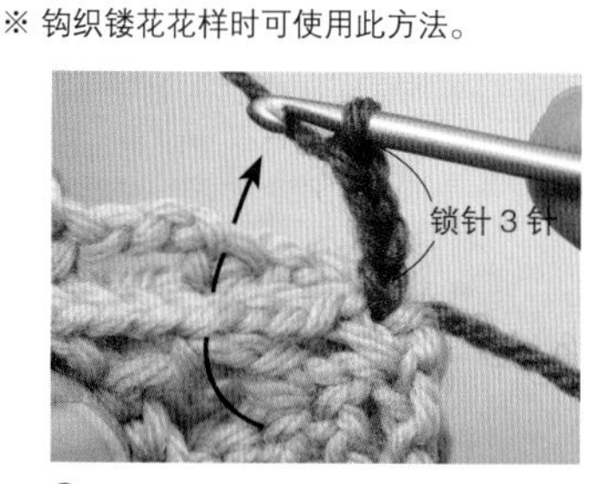

3
接着织入 3 针锁针，然后将钩针插入长针 2 针并 1 针的头针中，再织入 1 针引拔针。

4
重复织入“1 针引拔针、3 针锁针”，缝合。根据花样调整锁针的针数，然后织入相应的锁针至引拔钩织的位置（长针和短针的头针处）。

引拔针接缝（袖子与领口拼接的方法）

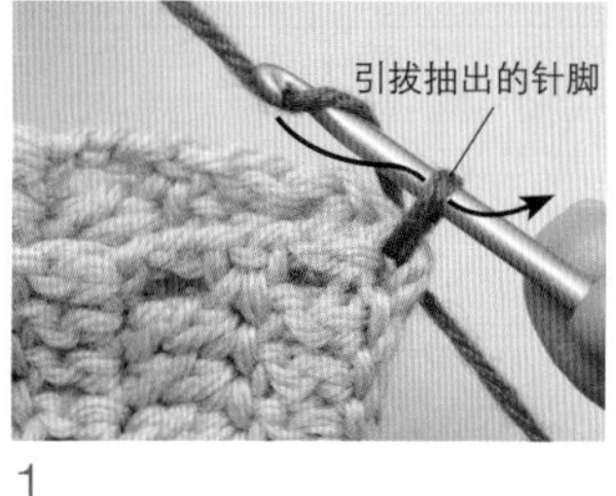

1
织片正面相对合拢，将钩针插入顶端针脚的头针中，挂线后引拔抽出。再次在钩针上挂线，织入 1 针引拔针。

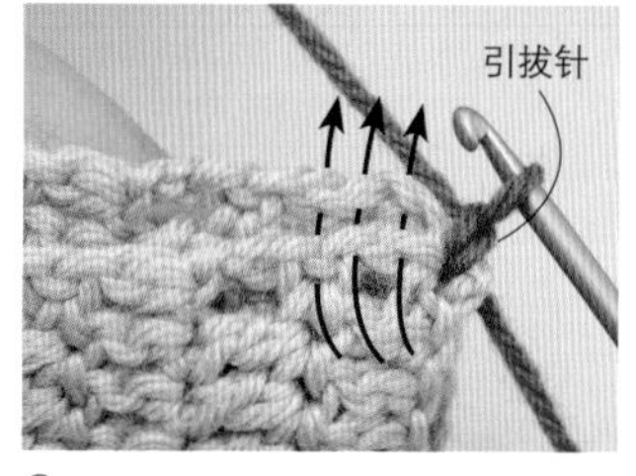

2
按照箭头所示，将顶端的针脚分开，插入钩针后织入引拔针。根据针脚的高度织入相应数量的引拔针。

3
织入 4 个针脚后如图所示。

4
用同样的方法将针脚分开，织入引拔针。最后按照图片所示，织入 3 行长针后如图。

引拔针订缝（袖子与领口的拼接方法）

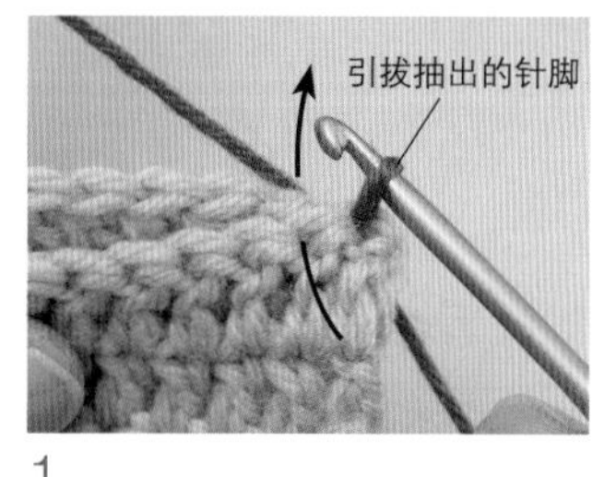

1
织片正面相对合拢，钩针插入顶端针脚的头针中，挂线后引拔抽出。接着将钩针插入下面针脚的头针中。

2
挂线后引拔钩织。

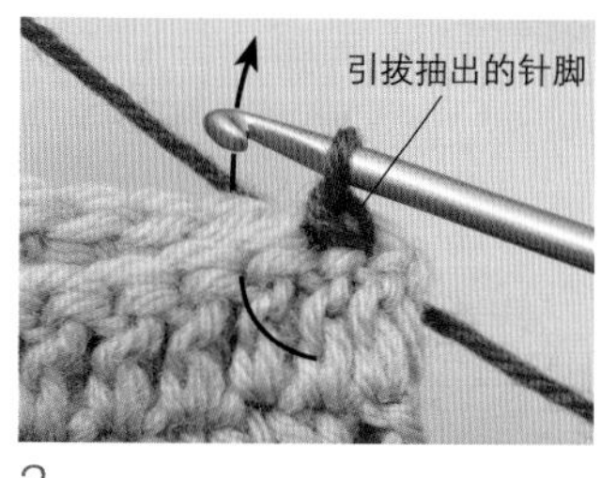

3
用同样的方法将钩针插入针脚的头针中，逐一进行引拔钩织。

4
引拔钩织后如图所示。引拔钩织的针脚保持等大。

卷针订缝（订缝肩部的方法）

1
织片正面相接对齐，将顶端头针的两股线挑起。

2
在同一针脚中来回挑 2 次，使订缝起点处更结实。

3
然后逐一将每针挑起，缝合。订缝终点处也是在同一针脚中挑 2 次。

长针的交叉针（中心锁 1 针）

※p14 襁褓所用的钩织方法。

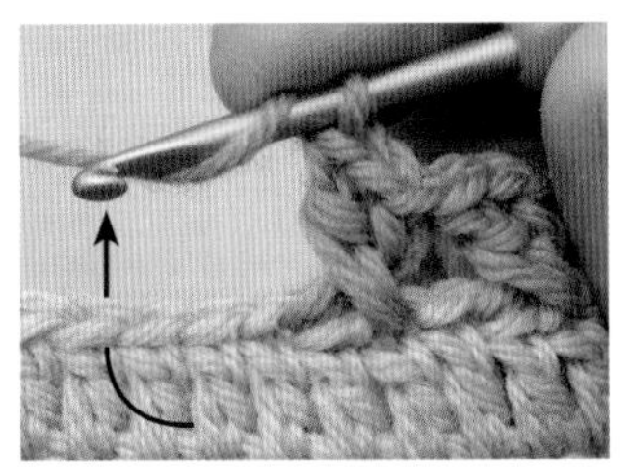

1
针上挂线，跳过上一行的 2 针，接着将第 3 针挑起，织入 1 针长针。

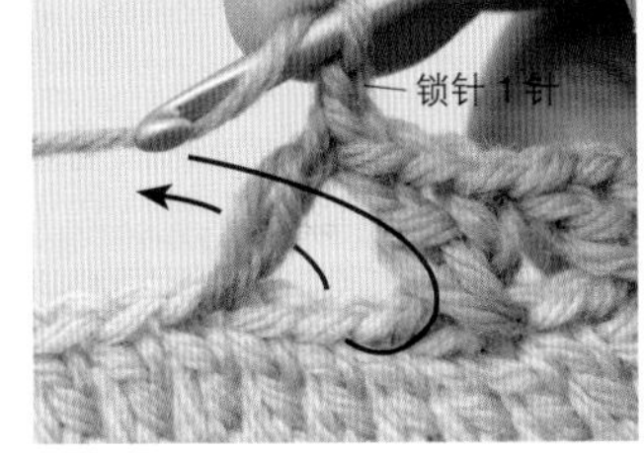

2
然后织入 1 针锁针，将上一行跳过的第 1 个针脚挑起，按照箭头所示转动钩针，包住之前钩织的长针，再钩织 1 针长针。

3
长针的交叉针（中心锁 1 针）钩织完成后如图。

拼接袖子的方法

※ 此处以 p30 的开衫为例进行解说。

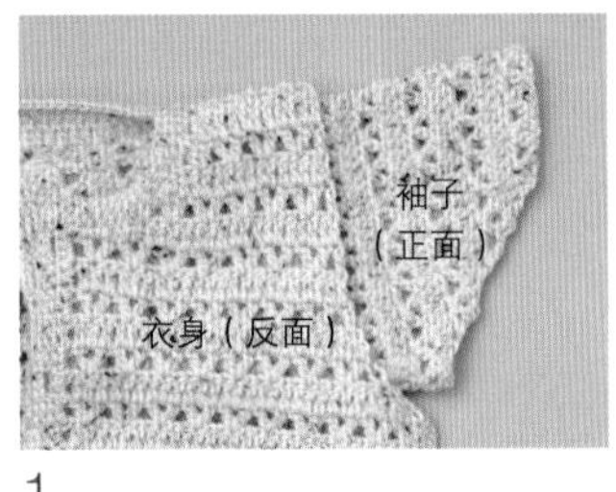

1
前后身片的侧边用接缝处理，肩部用订缝缝合之后，将缝好的袖下部分放入衣身中。此时需先将织片正面相对合拢，之后再放入其中。

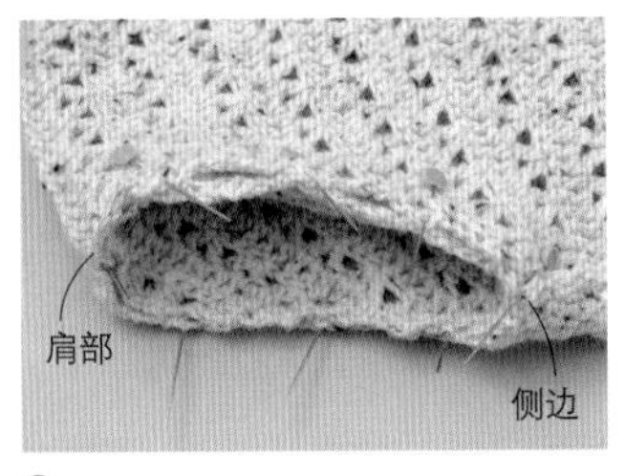

2
将侧边与袖下、肩部与袖山的中心对齐。然后均匀地将织片分段，用定位针固定。

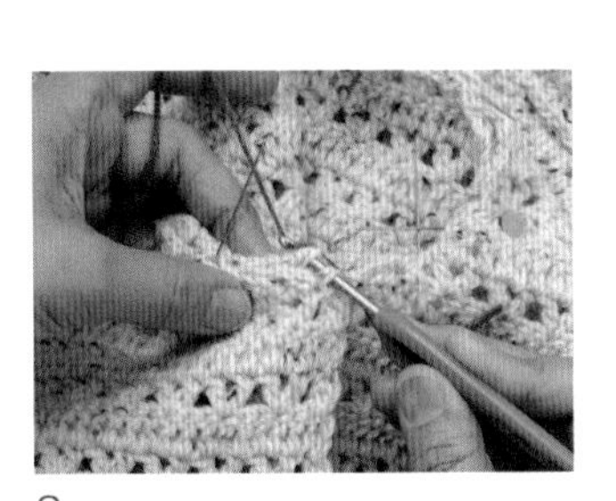

3
从侧边开始缝合。钩针插入针脚的头针中，用引拔针订缝的方法缝合至侧边的第 6 针处。

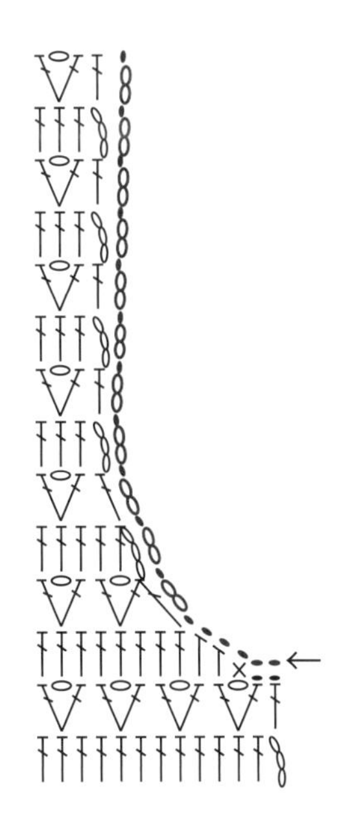

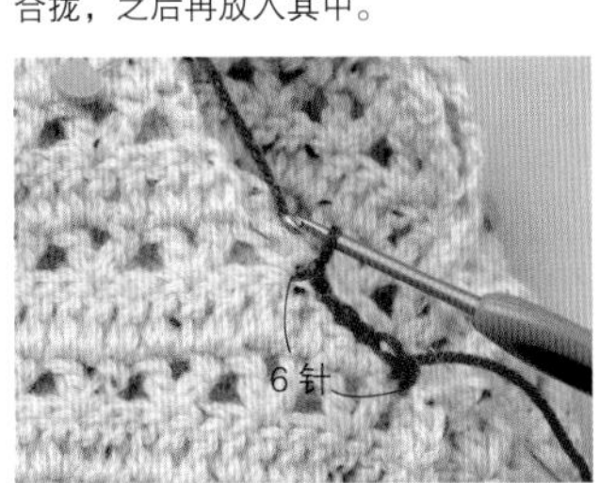

4
引拔钩织完 6 针后如图。然后用锁针接缝（锁针 2 针、引拔针 1 针）的方法订缝缝合。

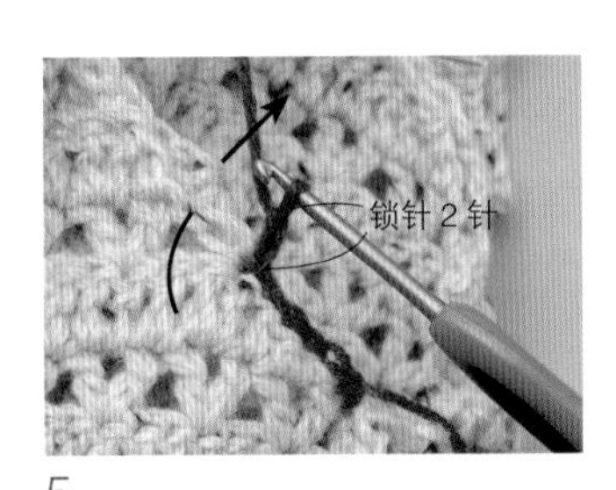

5
钩织完2针锁针后如图。按照箭头所示，将钩针插入下一个针脚中，进行引拔钩织。

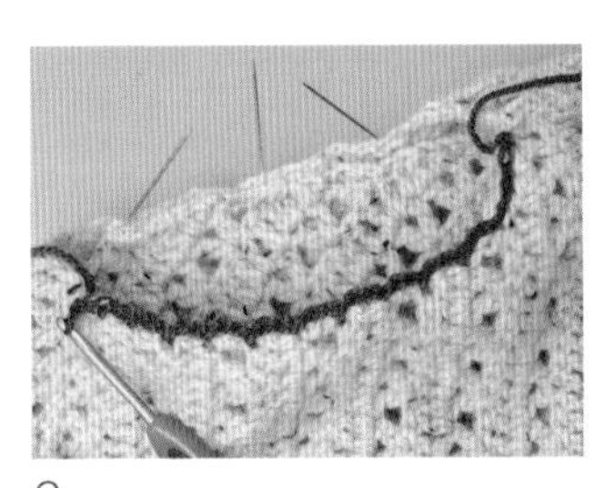

6
接缝缝合至肩部后如图。另一侧也用锁针接缝的方法缝合，注意缝至侧边的第 6 针时，换成步骤 3 引拔针订缝的方法继续缝合。

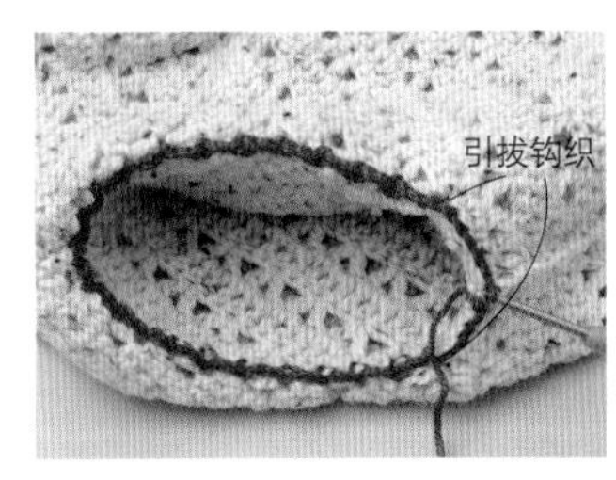

7
袖子拼接完一圈后的状态如图。除袖口的下侧部分用引拔针订缝的方法处理之外，其余均用锁针接缝的方法缝合（※p10 庆典礼裙的袖子均用引拔钩织的方法拼接）。

● 棒针编织

挑针接缝（缝合侧边的方法）

1
织片正面相接对齐，将左右起针部分顶端的针脚挑起。

2
将顶端 1 针内侧的横线挑起。

3
右侧也按同样的方法，将 1 针内侧的横线挑起。

4
左右交叉逐行挑起横线缝合。

5
实际缝合时，将缝纫线拉紧，使其完全藏到针脚中。

盖针订缝（缝合肩部的方法）

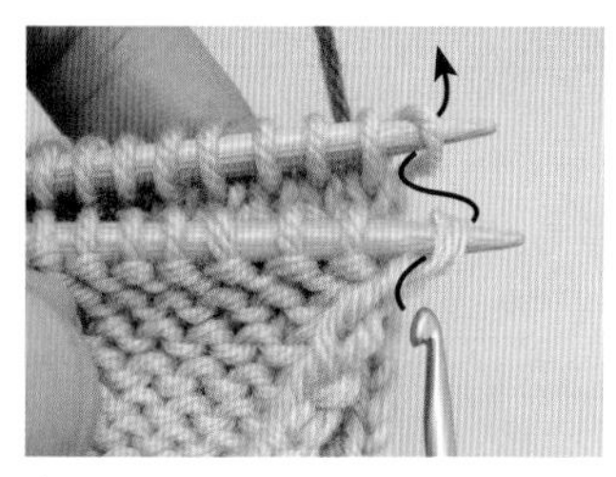

1
织片正面相对合拢，按照箭头所示的方法，将钩针分别插入顶端的针脚中。

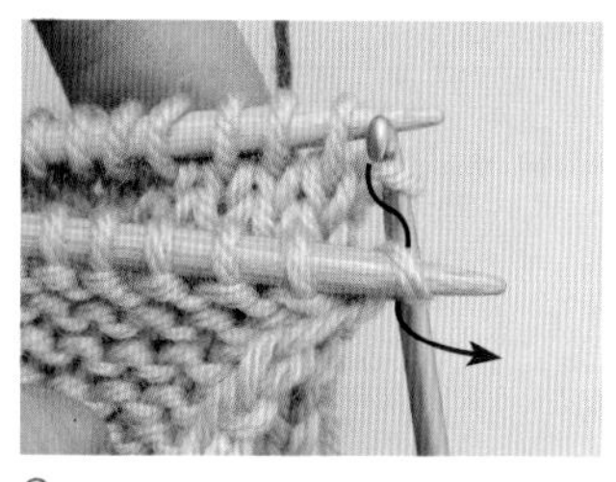

2
从外侧顶端的针脚中抽出棒针，然后按照箭头所示，穿过内侧的针脚，再抽出棒针。

3
棒针抽出后如图所示。

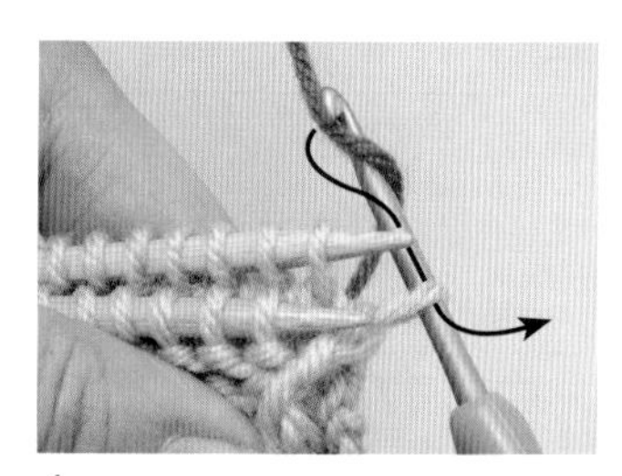

4
接着再在钩针上挂线，引拔钩织。

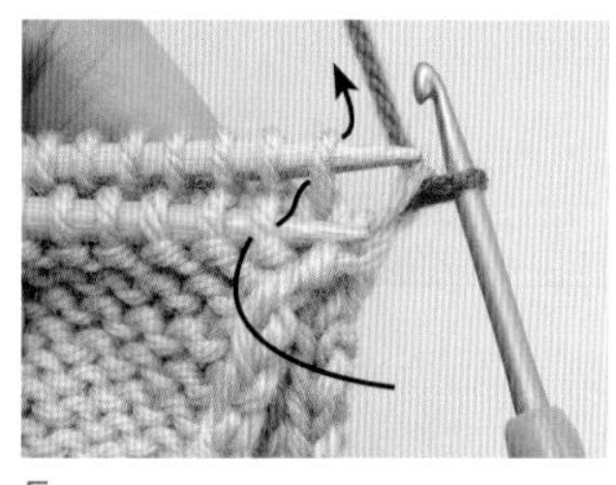

5
引拔钩织后如图。然后按照箭头所示，将钩针插入下一针脚中，重复步骤 2~4 订缝缝合。

6
订缝数针后如图。

7
步骤 6 引拔钩织完成后如图。适当地拉紧线，注意避免与织片缠到一起。

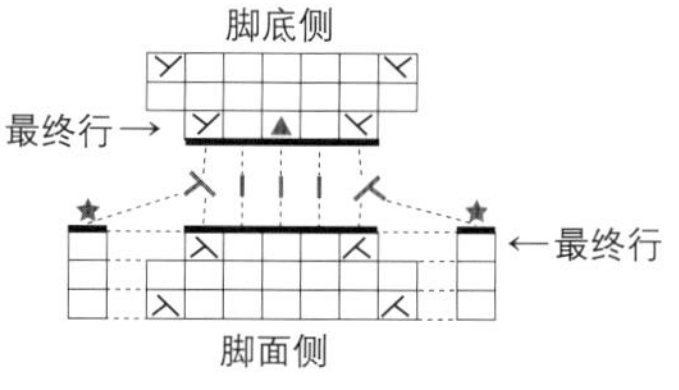

▲ = 编织终点处的针脚
★ = 两端各有 1 针立起的针脚

上下针订缝、针数各异的情况（p26 短袜袜尖的订缝方法） ※ 分 20 步解说。

1
编织至最终行，终点处留出大约 20cm 的线头，用线头缝合袜尖。

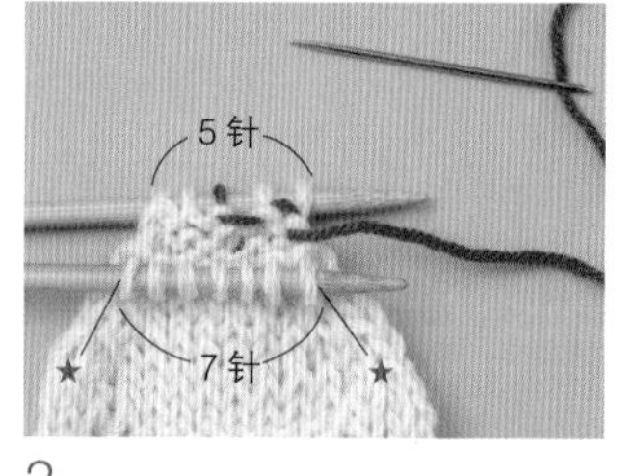

2
将内侧的 7 针（脚面侧）、外侧的 5 针（脚底侧）移到两根棒针上。将织片的反面挑起，线头穿到外侧棒针右端的针脚中，注意避免影响到正面的效果（※ 作品 21 的内侧移动 9 针，外侧移动 7 针）。

3
缝纫针插入内侧顶端的 2 个针脚中，从棒针上取下针脚。

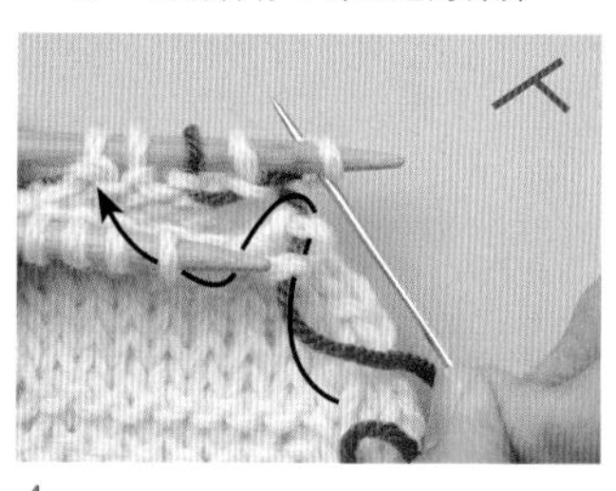

4
然后将针插入外侧顶端的第 1 个针脚中，从棒针上取下针脚。按照箭头所示，依次将钩针插入从步骤 3 内侧取出的第 2 针、第 1 针中，然后再将钩针插入第 3 针中。处理针数较多的内侧时，将缝纫针插入顶端的 2 针并 1 针中，调整针数［两端各留 1 针立起的针脚（★），然后与下方的针脚重叠，在右端织入左上 2 针并 1 针，左端织入右上 2 针并 1 针］。

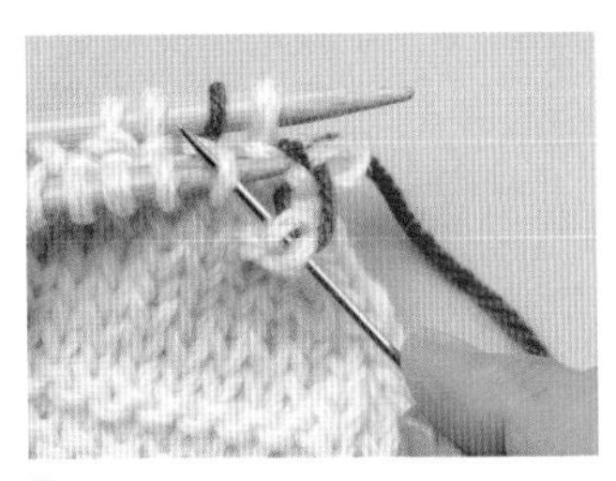

5
从棒针上取下外侧的 1 针与内侧的 2 针，将缝纫针插入内侧的第 3 针中，如图。

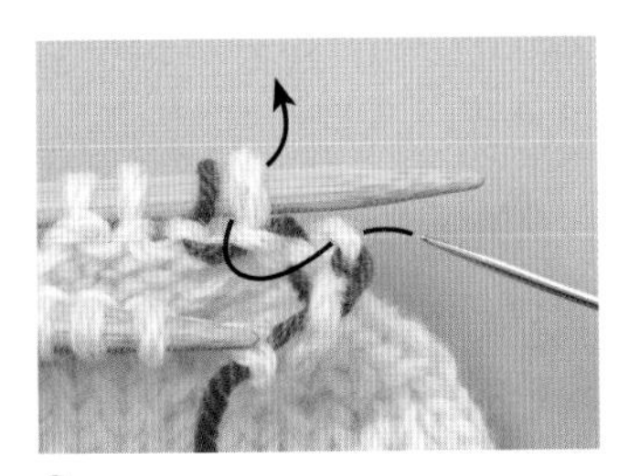

6
按照箭头所示，将缝纫针插入从步骤 5 取出的外侧顶端的第 1 针中，再插入棒针上的第 2 针中。

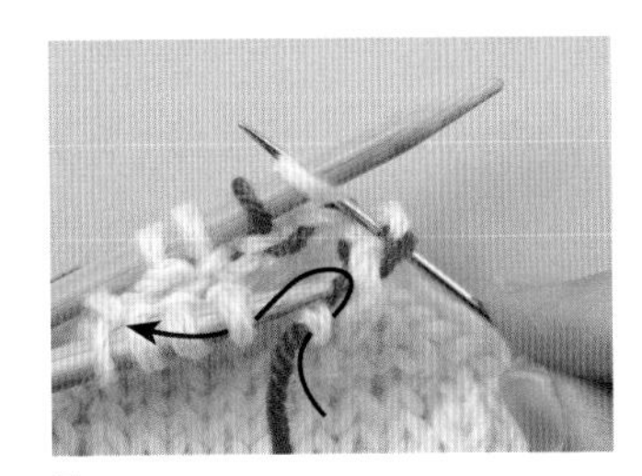

7
插入缝纫针后，抽出棒针。

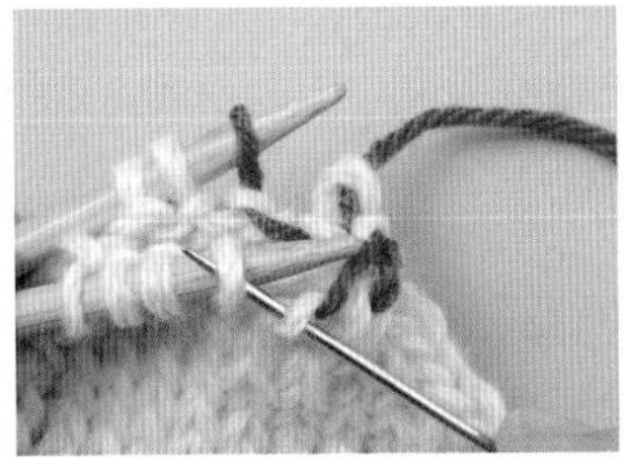

8
按照步骤 7 的箭头所示，将缝纫针插入内侧的 2 针中，抽出棒针。

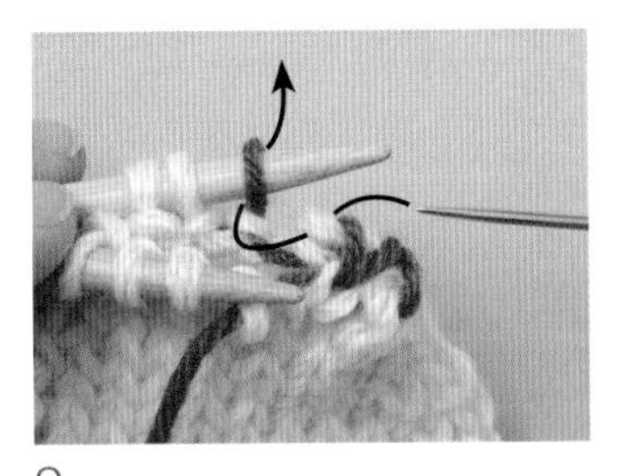

9
再把缝纫针插入外侧的 2 针中。

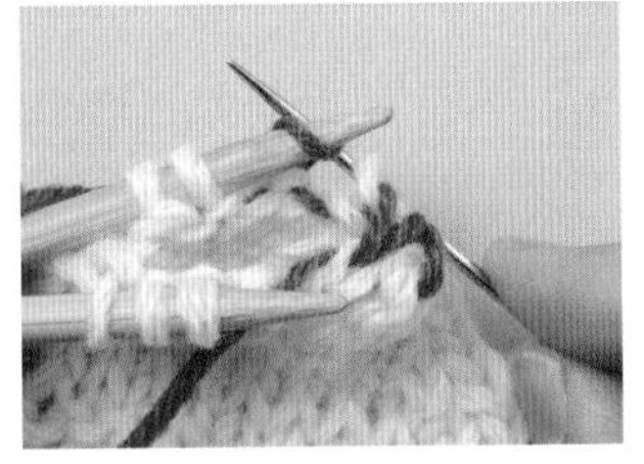

10
插入缝纫针后抽出棒针。按照步骤 7~10 的方法重复 1 次。

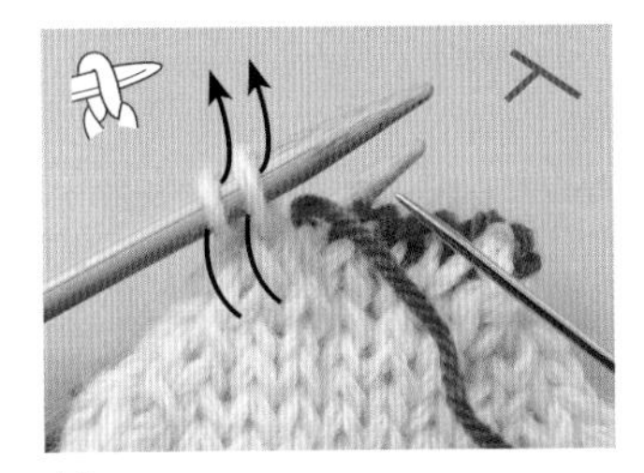

11
当内侧的针脚剩下 2 针时，按照右端的方法，将缝纫针插到左端的针脚中，织入右上 2 针并 1 针，将针数调整一致。先按照箭头所示，插入缝纫针，暂时把棒针上的针脚移动到缝纫针上，调换针脚的方向。

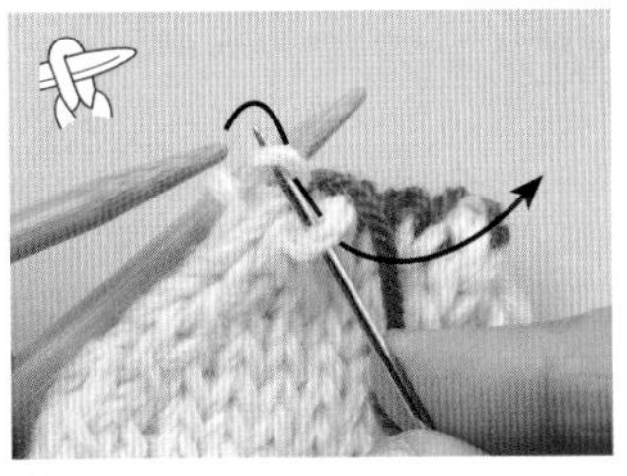

12
按照箭头所示，重新插入棒针，调换针脚的方向。

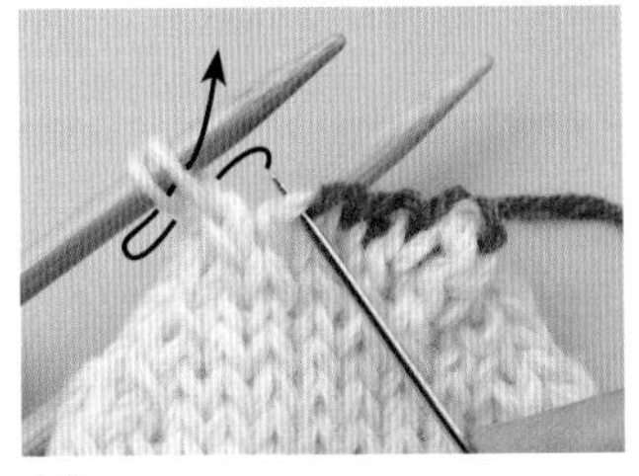

13
将缝纫针插入右端数起的第 3 针中，接着从外侧将针插入棒针上的2针中。

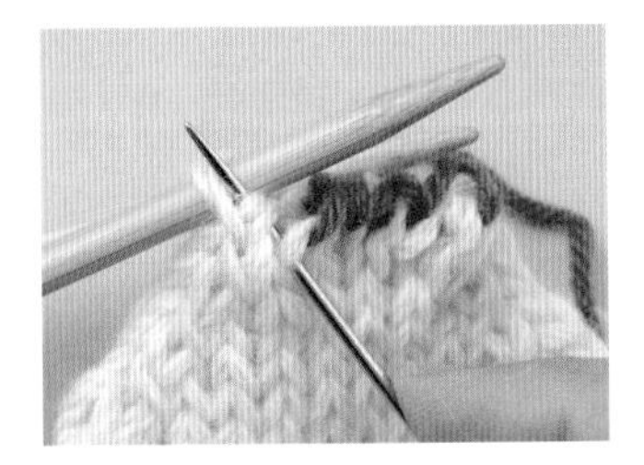

14
插入缝纫针后，抽出棒针。

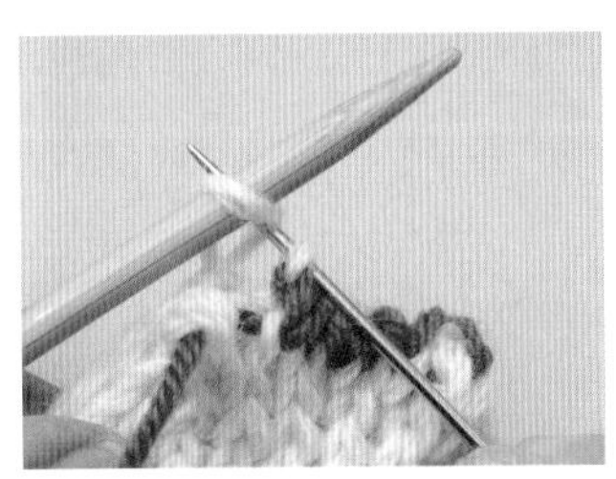

15
从外侧的右端将缝纫针插入第2针中，接着将缝纫针插入棒针上的最后 1 个针脚中。

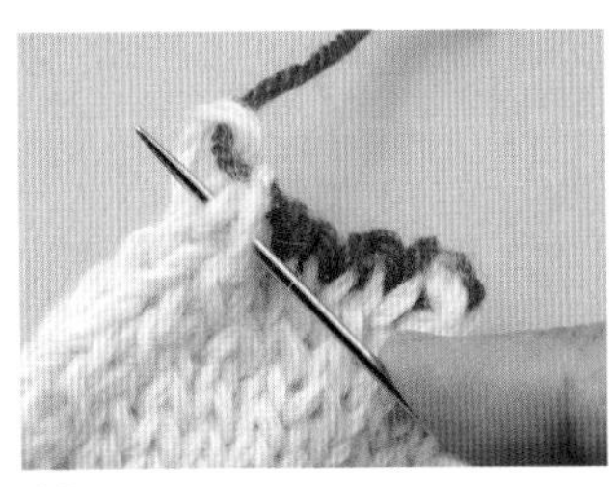

16
将内侧顶端针脚的 2 根线挑起。

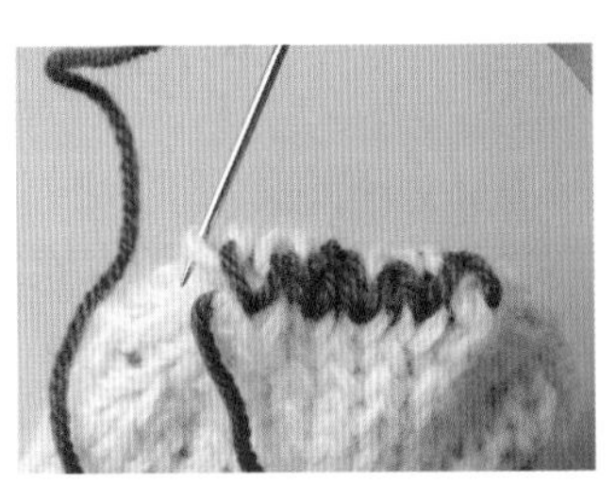

17
再将外侧顶端针脚的 1 根线挑起。

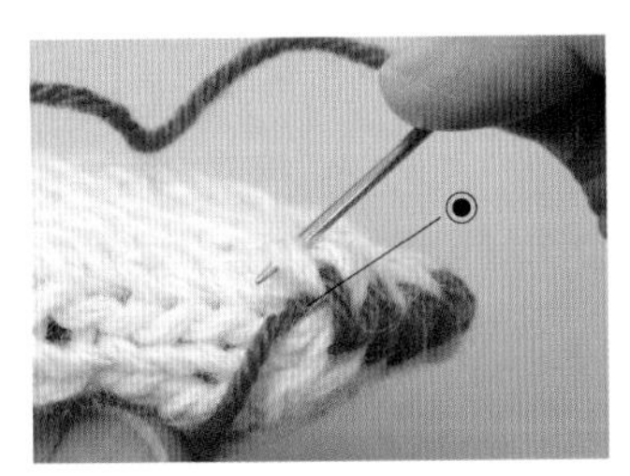

18
步骤 17 的横向如图所示。将顶端的 1 根线挑起后，再把缝纫针插入线头穿出的针脚（◉）中，将线头藏到内侧。

19
用上下针订缝的方法织入 5 针，缝好的袜尖如图所示。

20
成品图片。订缝时需注意拉紧线，使针脚的大小保持一致。

✤ 衬袄

给活泼好动的宝宝穿衣服，
是件让人头疼的事。
和服式设计的小衬袄，
穿脱方便，
是妈妈们大爱的款式。

1

0~12 个月

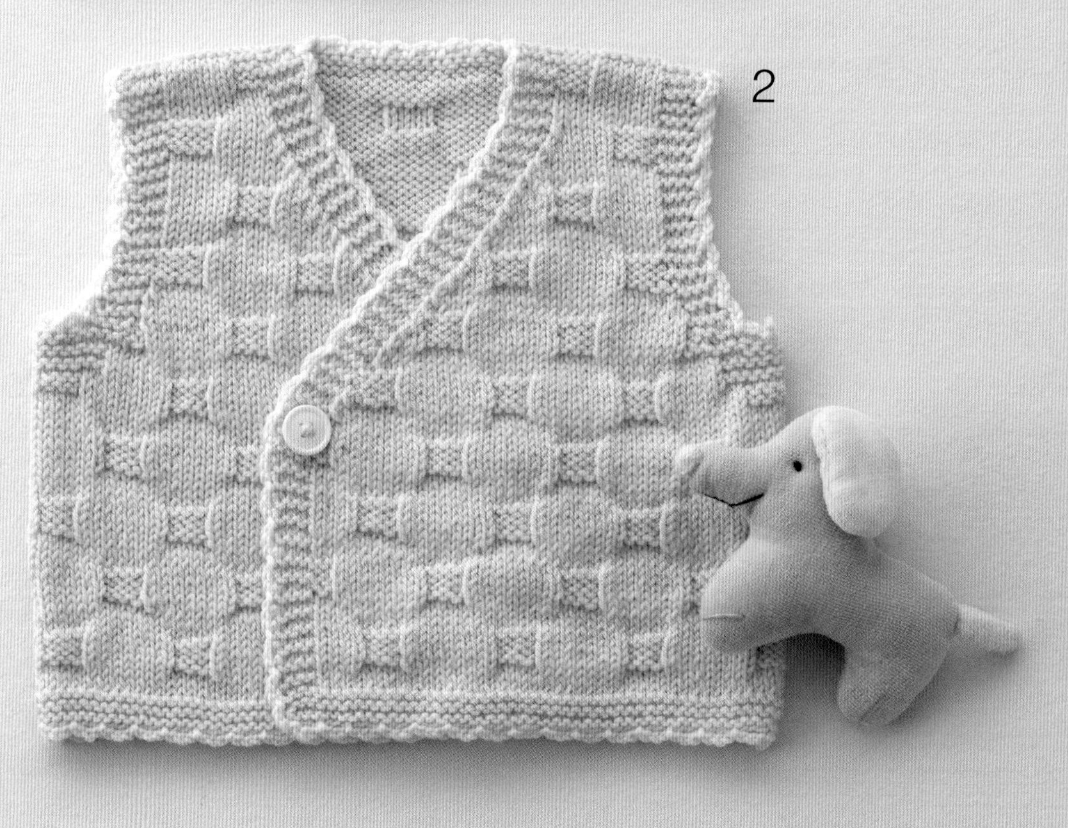

2

设计…Oka Mariko
制作…内海理惠
编织方法…p34

12m/74cm

✤ 庆典礼裙 & 兜帽

第一次盛装出行时，为宝宝穿上亲手钩织的礼裙。
让这一天成为永远留在记忆里的纪念日。

0~12 个月

设计…镰田惠美子

编织方法…庆典礼裙 /p36、兜帽 /p33

背心

锯齿边的设计，
简单亮眼。
再加上花朵的刺绣针迹和
糖果般的小球装饰，
更增添几分可爱。

5

0~12 个月

12~24 个月

6

设计…Matsumoto Kaoru

编织方法…p38

襁褓

用花朵花片装饰方格花样的两边，
就成为一件华丽的襁褓。
不论是宝宝睡觉时，还是用婴儿车外出时，
都能用上它。

设计…镰田惠美子
制作…铃木利江
编织方法…p40

✤ 小熊玩偶

无论是在家里，还是外出散步，
随时都可以带在身边♪
能有相伴成长的好伙伴，
宝宝一定会很开心哦！

8

设计…Mastumoto Kaoru
编织方法…p41

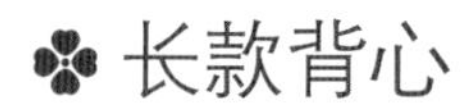

长款背心

方便叠穿的长款背心。
搭配裙子和打底裤，
变身潮流时尚的宝宝。

10

12~24 个月

0~12 个月

9

设计…Oka Mariko
制作…水野顺
编织方法…p42

✤ 斗篷

寒冷时披在身上的斗篷。
折叠起来非常小巧，
直接放入妈咪包里，
方便外出时随身携带。

11

0~12 个月

12~24 个月

12

设计…镰田惠美子
制作…饭塚静代
编织方法…p44

背心

外套风格的翻领背心和连帽背心。
秋意渐浓时可与其他衣物穿搭，
非常实用。

12~24 个月

13

设计…柴田淳
编织方法…p46

12~24 个月
14

✤ 无袖连身裙

钩针钩织的优雅花样，十分精致。
与可爱的衬衫搭配，
变身可爱的小公主。

12~24 个月

15

设计…镰田惠美子
制作…饭塚静代
编织方法…p48

12~24 个月
16

✿ 手套

小巧精致的手套，短时间内就可以完成。
寒冷时可保暖，还能防止宝宝的手抓破脸。

设计…Matsumoto Kaoro

编织方法…p50

✿ 两用的帽子 & 围脖

绳带拉紧打结后即是帽子，
打开后又可以做围脖。
方便的两用御寒单品。

19

12~24 个月

设计…镰田惠美子
编织方法…p51

✤ 短袜

毛线短袜，出乎意料的温暖。

棒针编织具有伸缩性，紧紧地包住宝宝的小脚。

0~12 个月

20

21

设计…Oka Mariko

制作…内海理惠

编织方法…p52

✿ 暖腿套

轻轻松松套到腿上，能调节体温的暖腿套。
可根据自己的喜好，翻折开口处或拉伸长度。

12~24 个月

22

23

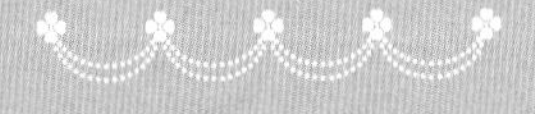

设计…Matsumoto Kaoru
编织方法…p53

✿ 帽子

卡通玩偶一样的帽子，光是想象着宝宝戴上帽子时的样子，就可以让人露出会心的微笑。
带护耳的款式，寒冷的日子里也能让宝宝暖气洋洋。

12~24 个月

24

25

设计…柴田淳

编织方法…p54

12~24 个月
26
27

✿开衫

传统设计的开衫，方便搭配各种下装。
轻柔温暖的针织物，
是冬季不可或缺的单品。

28

12~24 个月

29

设计…Oka Mariko
制作…水野顺
编织方法…p56

本书用线的介绍

（图片与实物等大）

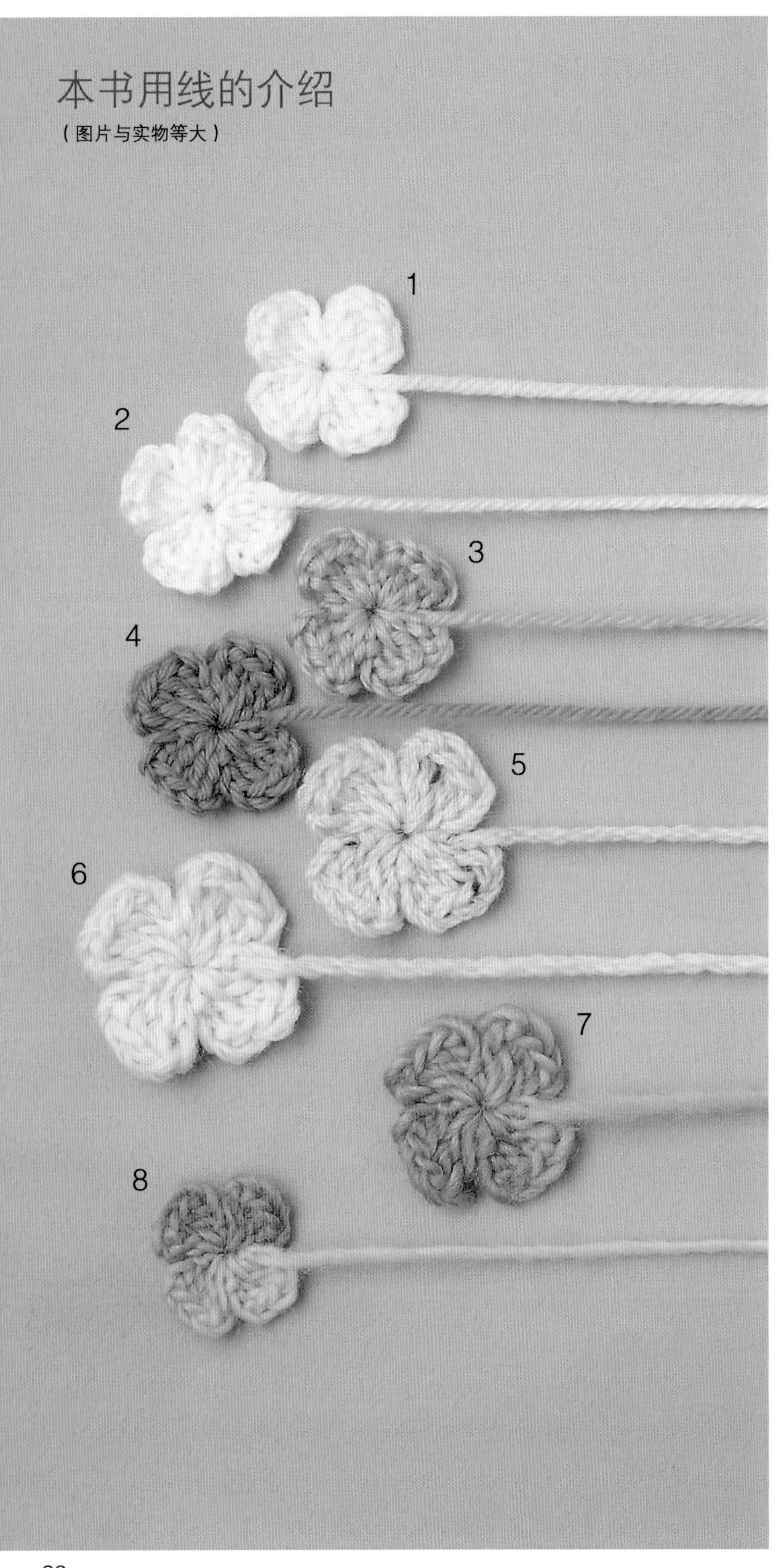

1 Royal Baby

羊毛（经过防缩加工的美利奴羊毛）80% 腈纶（Royal Baby Alpaca）20%　每卷 40g　约 108m　8 色　4~6 号棒针　5/0~6/0 号钩针

2 Milky Baby

羊毛 60% 腈纶 40%　每卷 40g　约 114m　17 色　4~6 号棒针　5/0~6/0 号钩针

3 Milky Kids

羊毛 60% 腈纶 40%　每卷 40g　约 98m　15 色　5~7 号棒针　5/0~6/0 号钩针

4 Premier

羊毛 100%（内含塔斯马尼亚羊毛 波尔华斯羊毛 40%）　每卷 40g　约 114m　25 色　5~6 号棒针　5/0~6/0 号钩针

5 Tree House Berries

羊毛 60% 腈纶 27% 羊驼毛（Fine Alpaca）10% 人造纤维 3%　每卷 40g　约 90m　10 色　7~9 号棒针　6/0~7/0 号钩针

6 Tree House Leaves

羊毛（美利奴羊毛）80% 羊驼毛（幼仔羊驼毛）20%　每卷 40g　约 72m　12 色　8~10 号棒针　7/0~8/0 号钩针

7 Make Make

羊毛（美利奴羊毛）90% 马海毛（幼仔马海毛）10%　每卷 25g　约 62m　22 色　6~7 号棒针　6/0~7/0 号钩针

8 Make Make Socks

羊毛（美利奴羊毛）70% 尼龙 30%　每卷 25g　约 98m　8 色　5~6 号棒针　5/0~6/0 号钩针

※1~8 从左起均为：
材质→规格→线长→颜色数→适合针号。
※ 由于印刷的关系，多少存在色差。

4 兜帽 作品…p10

●**材料**

Royal baby/ 本白…45g

●**针**

钩针 5/0 号

●**成品尺寸**

脸部周长约 40cm

●**标准织片**

花样钩织 / 边长 10cm 的正方形 25.5 针 13.5 行

●**编织方法**

1 主体用圆环进行起针，然后用长针钩织 5 行，接着再用花样钩织的方法织入 16 行。之后用花边 A 钩织 3 行，用花边 B 钩织 3 行。

2 绳带部分先织入 200 针起针，然后钩织绳带装饰①，接着织入 1 行引拔针。留出 50cm 左右的线头后剪断，绳带穿入花边 B 的第 2 行中，最后再钩织绳带装饰②。

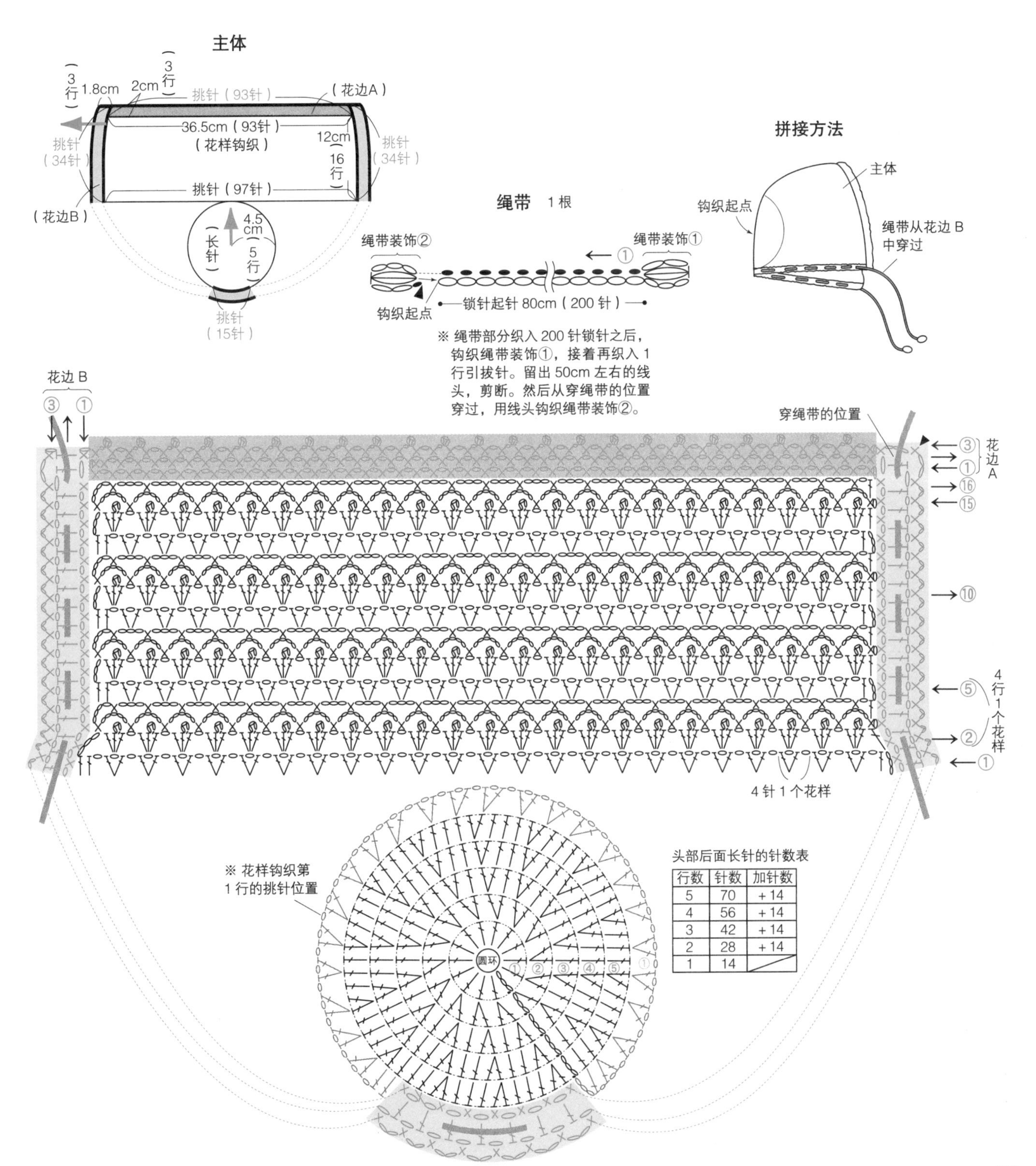

头部后面长针的针数表

行数	针数	加针数
5	70	+14
4	56	+14
3	42	+14
2	28	+14
1	14	

1・2 衬袄 作品…p8

● 1 的材料

Royal Baby/ 象牙白…85g　直径 2cm 的纽扣…1 颗

● 2 的材料

Royal Baby/ 粉绿色…85g，本白…5g　直径 2cm 的纽扣…1 颗

●针

6 号、7 号棒针，6/0 号钩针

●成品尺寸

1…胸围 60cm、肩背宽 22cm、衣长 27cm

2…胸围 60cm、肩背宽 23cm、衣长 27.5cm

●标准织片

花样编织 / 边长 10cm 的正方形 23 针 31 行

●编织方法

1　用手指起针的方法织入 164 针起针，用 6 号针和平针编织的方法织入 6 行下摆，其他部分用 7 号针编织。然后按照平针编织和花样编织的方法接着编织前后身片，中途在前襟处留出纽扣眼。衣身部分编织至第 50 行后，从下一行开始分成右前身片、后身片、左前身片编织。

2　肩部用盖针订缝的方法缝合（参照 p6）。

3　仅 2 的花边部分用钩针钩织。然后在左前下摆处接线，继续在下摆、前襟、领口处织入 1 行。袖口处织入 1 行花边。

4　在指定的位置编织拼接 2 根绳带，将纽扣缝到拼接纽扣的位置。

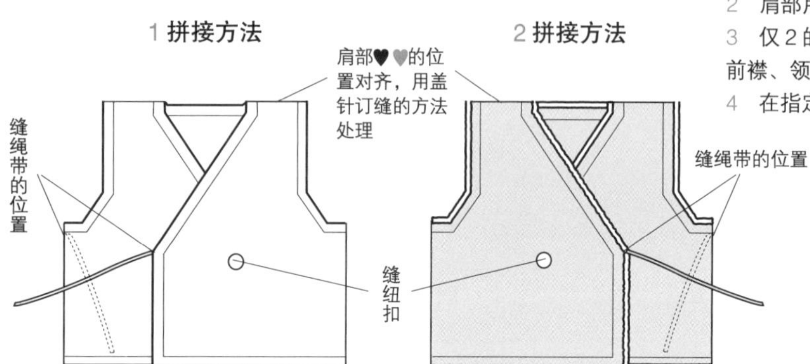

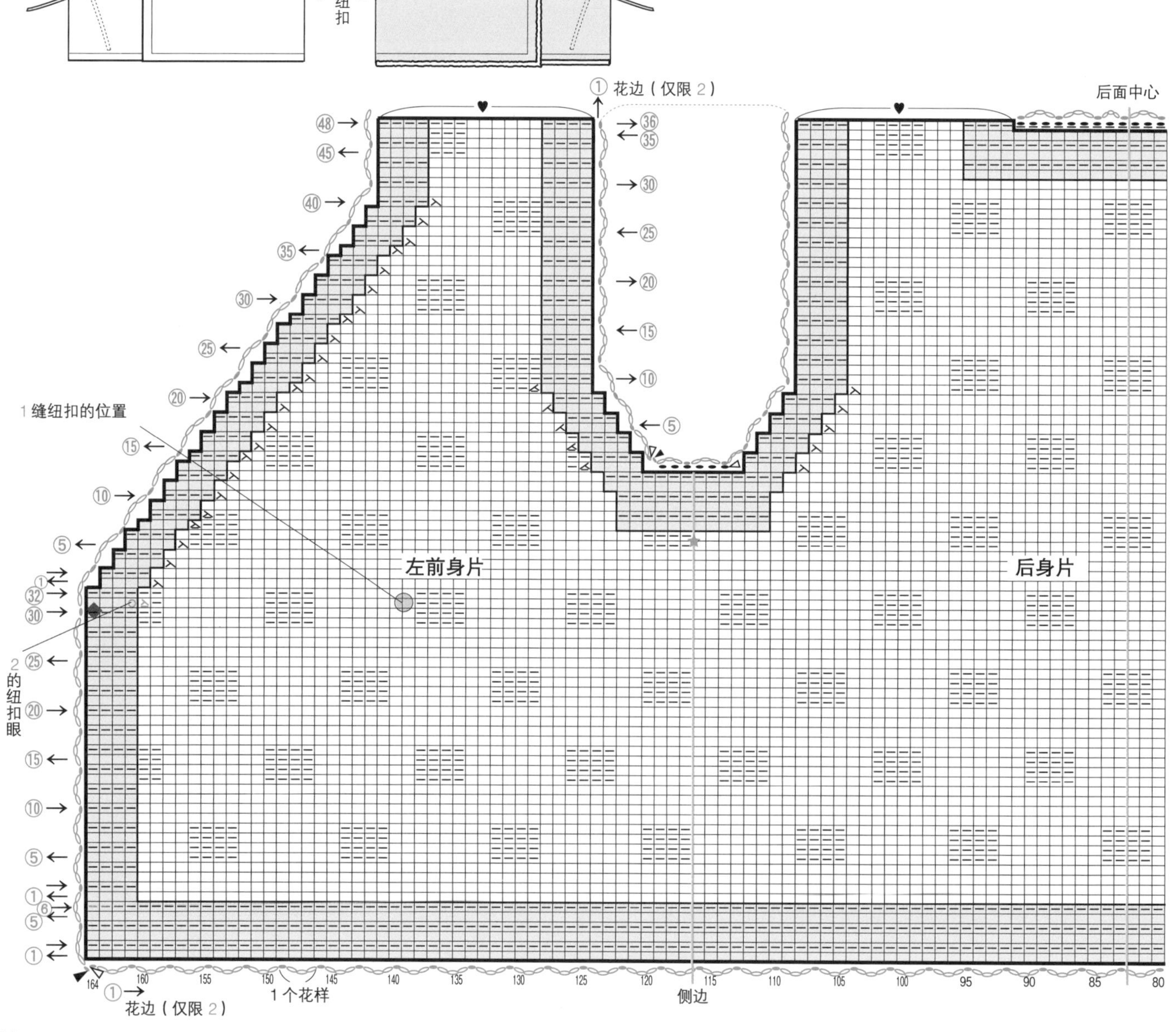

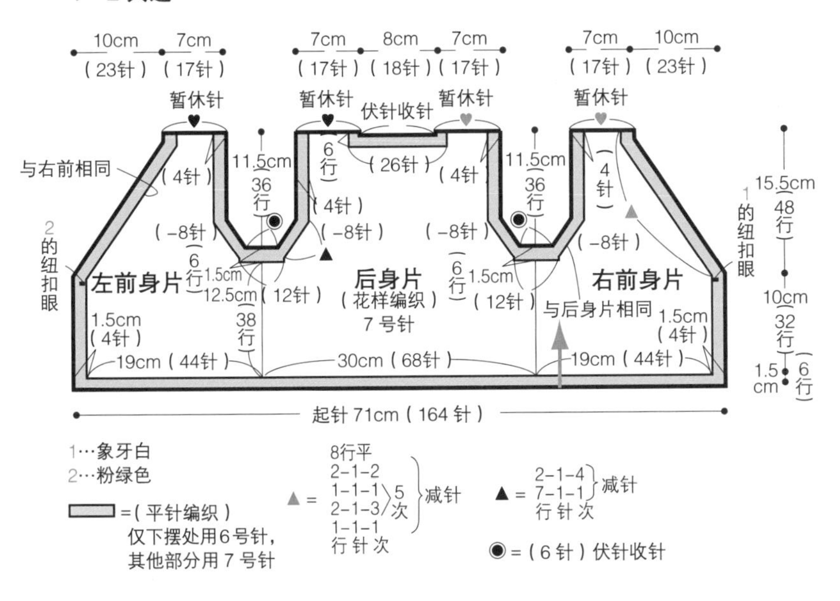

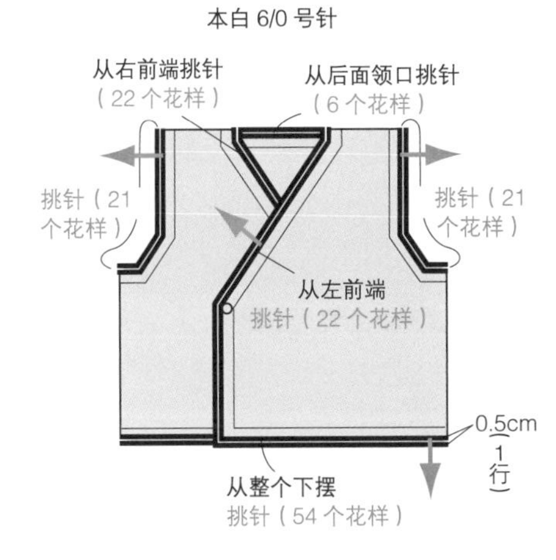

绳带 2根（在两个位置钩织拼接）6/0号针

1…象牙白

2…粉绿色

拼接位置

起针 20cm 锁针（50针）

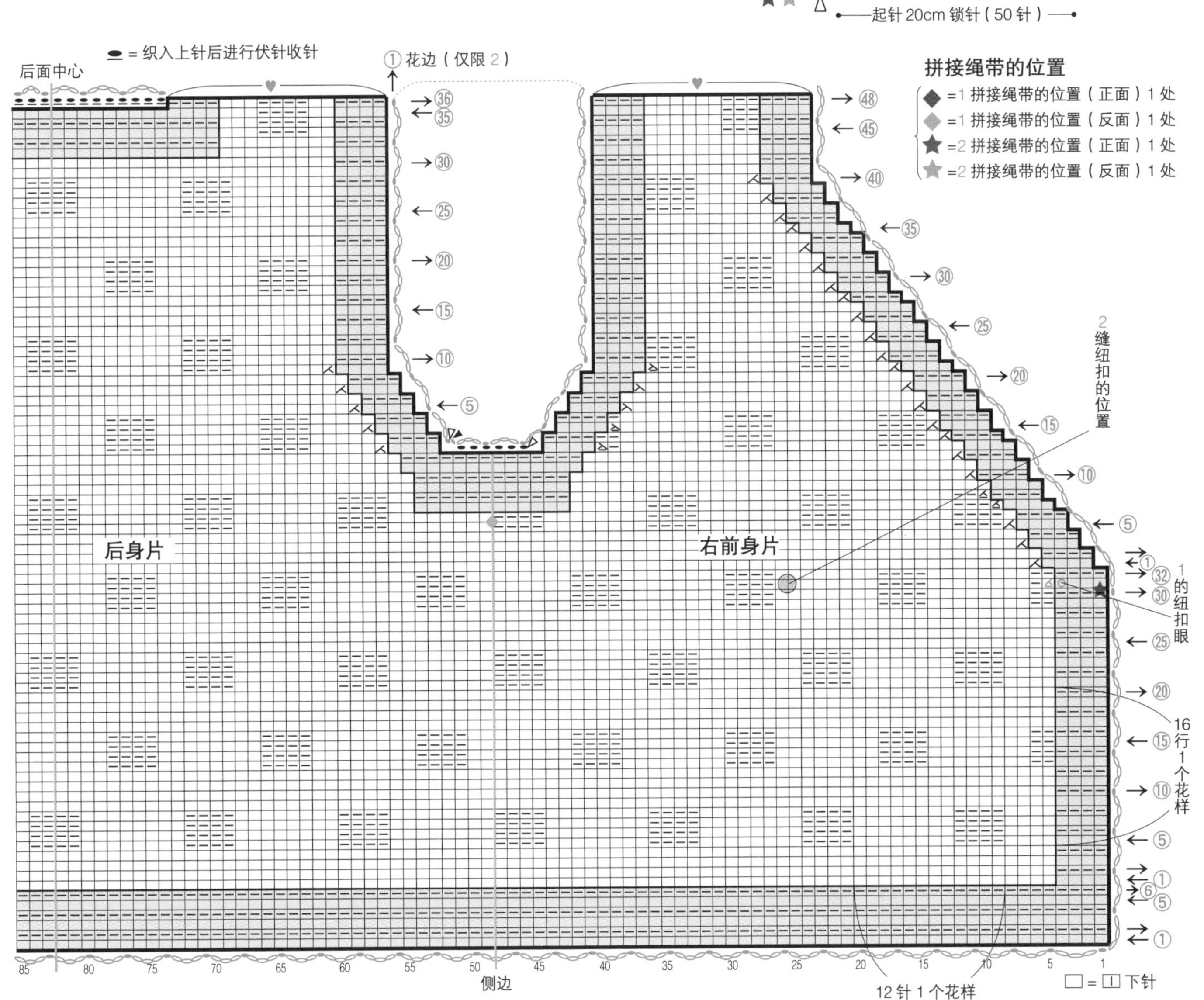

3 庆典礼裙 作品…p10

●材料

Royal Baby/ 本白…365g　直径 1.3cm 的纽扣…9 颗

●针

5/0 号钩针

●成品尺寸

胸围 59.5cm，肩背宽 23.5cm，衣长 53.5cm，袖长 24.5cm

●标准织片

花样钩织 / 边长 10cm 的正方形为 25.5 针 13.5 行，长针 / 边长 10cm 的正方形为 21 针 11.5 行

●编织方法

1　织入 241 针锁针，然后用花样钩织的方法接着前后身片织入 52 行。从前后身片挑针，领肩部分用长针织入 2 行，然后从下一行开始分成右前领肩、后面领肩、左前领肩钩织。

2　肩部用卷针订缝的方法处理（参照 p5）。

3　在左前下摆处接线，在下摆处织入 1 行花边 A 后，再接着在右前端织入 3 行花边 B，注意第 2 行留出纽扣眼，同时继续钩织。在左前襟接线，钩织 3 行花边 B。

4　袖子部分织入锁针 41 针，然后用花样钩织的方法进行加针，织入 32 行。袖下用锁针接缝的方法缝合（参照 p4），然后在袖口织入 1 行花样 A。衣身与袖子用引拔针钩织的方法拼接（参照 p5 拼接袖子的方法）。

5　领口织入 65 针锁针起针，然后用长针钩织 4 行。周围织入 1 行花边 C。用引拔针将衣领拼接到领口处（参照 p4）。

6　在缝纽扣的位置缝上纽扣。

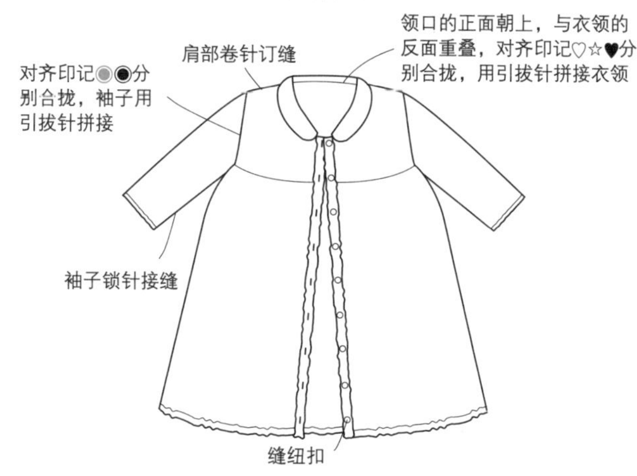

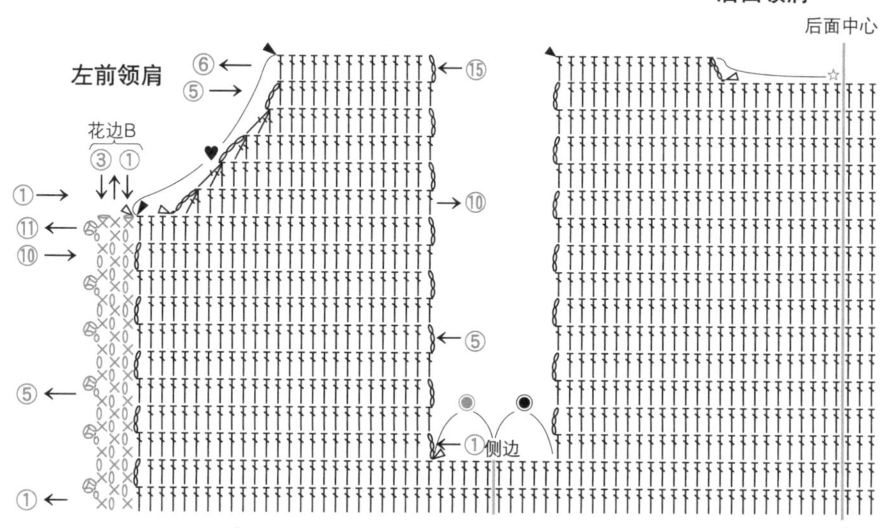

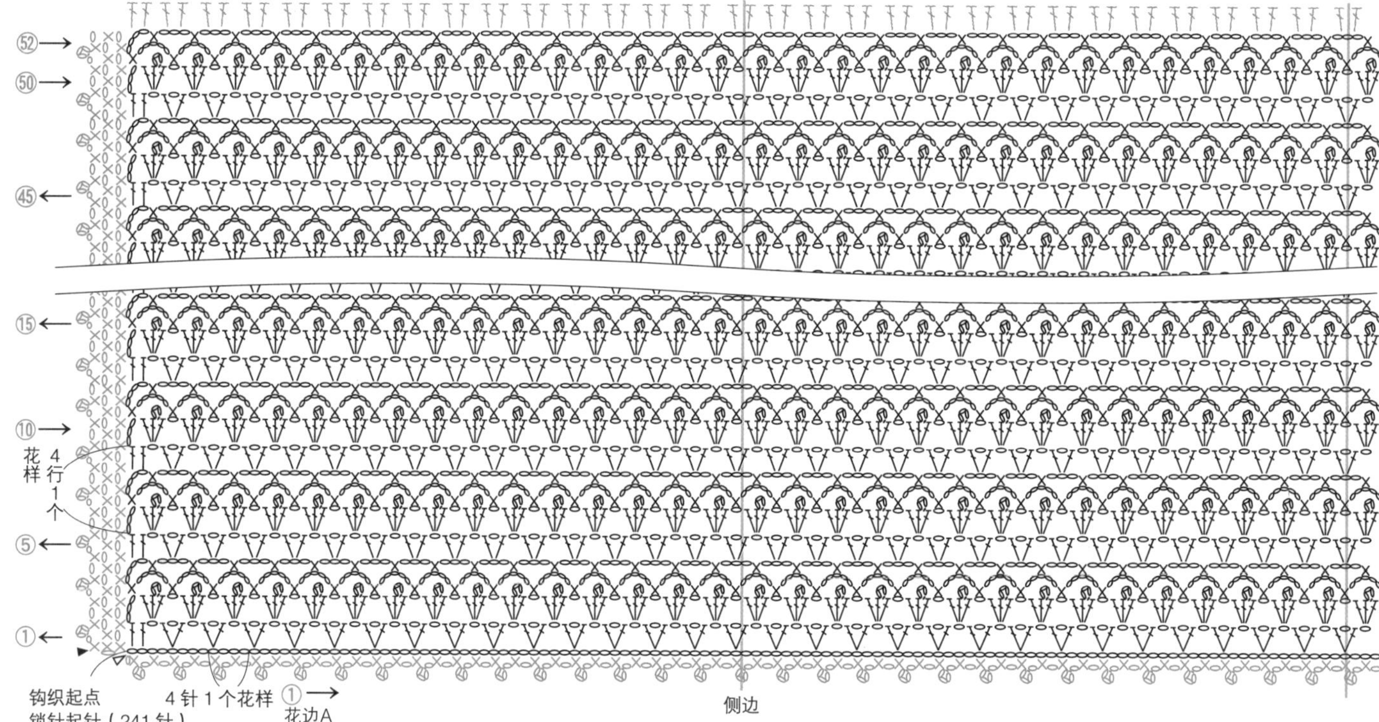

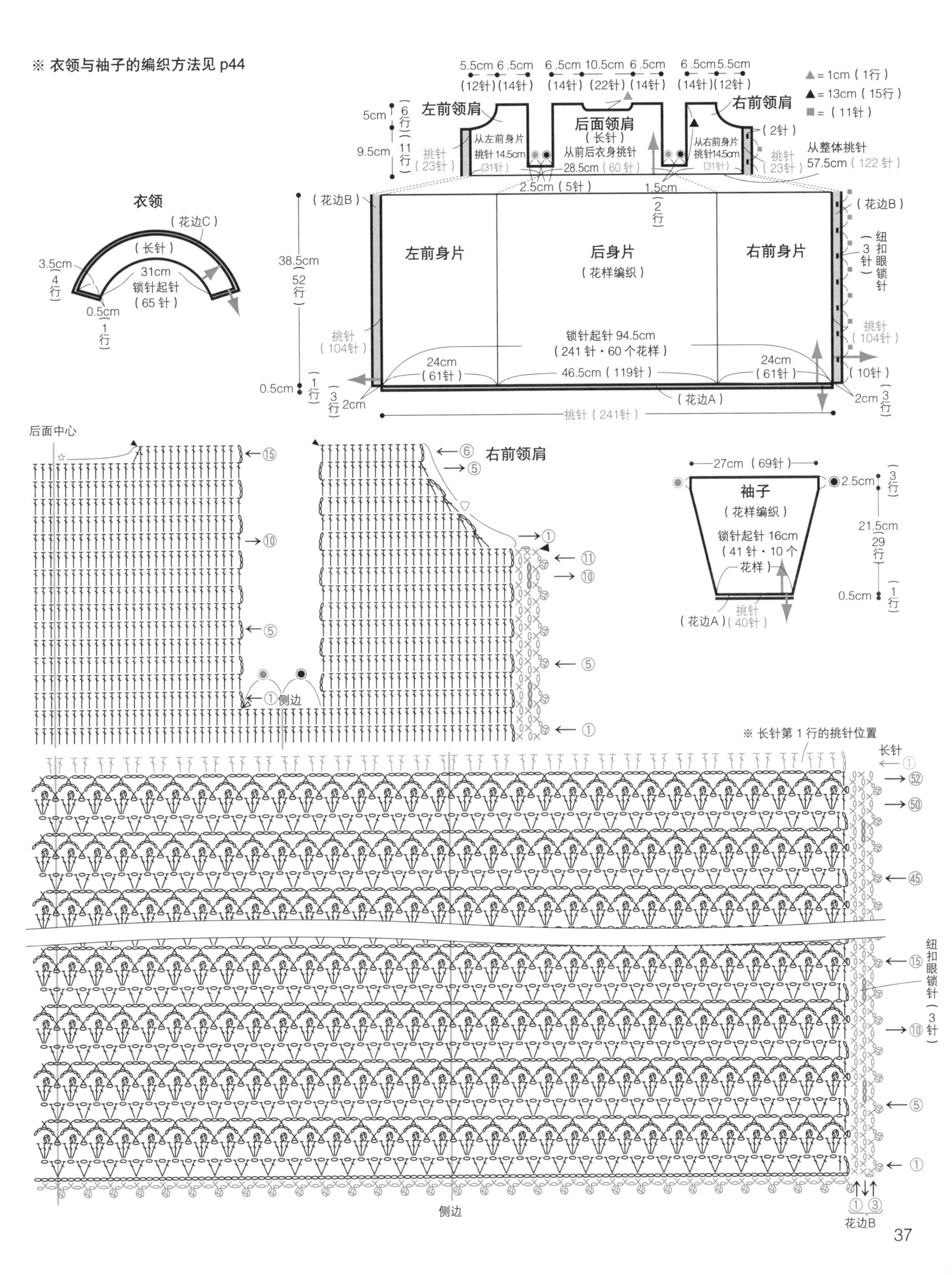

※ 衣领与袖子的编织方法见 p44
▲= 1cm（1行）
▲= 13cm（15行）
■=（11针）
左前领肩
后面领肩
（长针）
从前后衣身挑针
28.5cm（60针）
右前领肩
从左前身片挑针 14.5cm（31针）
从右前身片挑针14.5cm（31针）
挑针（23针）
从整体挑针 57.5cm（122针）
5.5cm 6.5cm 6.5cm 10.5cm 6.5cm 6.5cm 5.5cm
（12针）（14针）（14针）（22针）（14针）（14针）（12针）
5cm 6行
9.5cm 11行
2.5cm（5针）
1.5cm（2行）
衣领
（花边C）
（长针）
31cm
锁针起针
（65针）
3.5cm 4行
0.5cm 1行
（花边B）
左前身片
后身片
（花样编织）
右前身片
纽扣眼锁针（3针）
38.5cm 52行
挑针（104针）
锁针起针 94.5cm
（241针・60个花样）
24cm（61针）
46.5cm（119针）
24cm（61针）
（10针）
0.5cm 1行
3行 2cm
（花边A）
挑针（241针）
后面中心
右前领肩
侧边
27cm（69针）
袖子
（花样编织）
锁针起针 16cm
（41针・10个花样）
2.5cm 3行
21.5cm 29行
0.5cm 1行
（花边A）挑针（40针）
※ 长针第1行的挑针位置
长针
纽扣眼锁针（3针）
花边B

5・6 背心 作品…p12

● **5 的材料**

Milky Baby/ 浅橙色…85g，象牙白…1g

● **6 的材料**

Milky Kids/ 藏蓝色…110g，黄色、黄绿色、橙色…各 2g

● **针**

5…5 号棒针，6/0 号钩针

6…6 号棒针，7/0 号、6/0 号钩针

● **成品尺寸**

5…胸围 58cm，肩背宽 22cm，衣长 29.5cm

6…胸围 66cm，肩背宽 25cm，衣长 33cm（不含饰品）

● **标准织片**

5…花样编织 B/ 边长 10cm 的正方形 26.5 针 34 行

6…花样编织 B/ 边长 10cm 的正方形 23.5 针 31 行

● **编织方法**

1 前后身片分别用同样的锁针织入 78 针起针，然后用花样编织 A 织入 14 行。接着再换用花样编织 B 进行编织，袖口、领口进行减针的同时编织至最终行。

2 肩部用盖针订缝的方法处理，侧边则用挑针接缝的方法缝合（参照 p6）。

3 领口和袖口用单罗纹针织入 6 行，然后再进行伏针收针。

4 5 前后身片花样编织 A 的部分用雏菊针迹绣出小花。6 则是将 10 个装饰小球缝到下摆的指定位置。

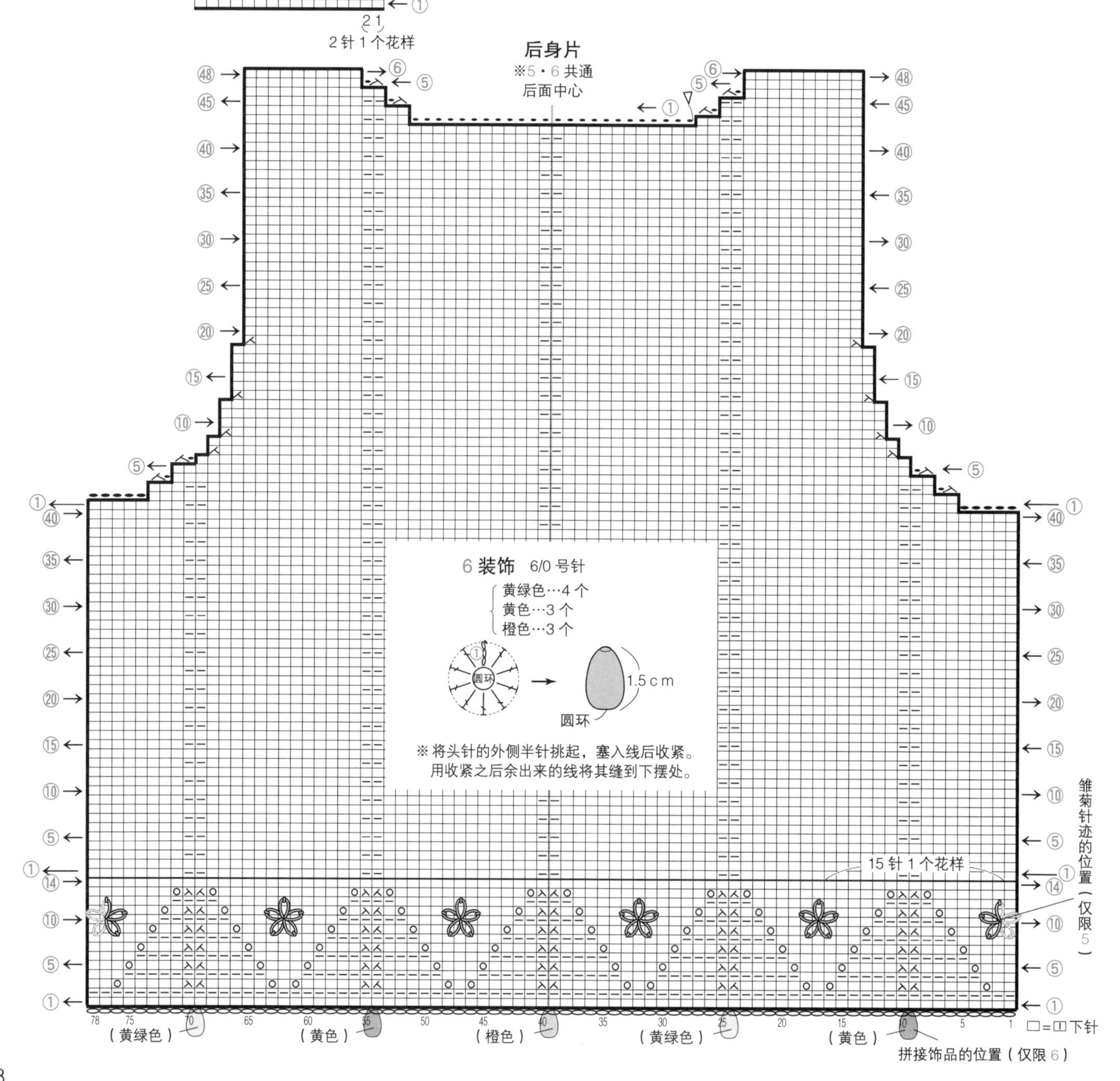

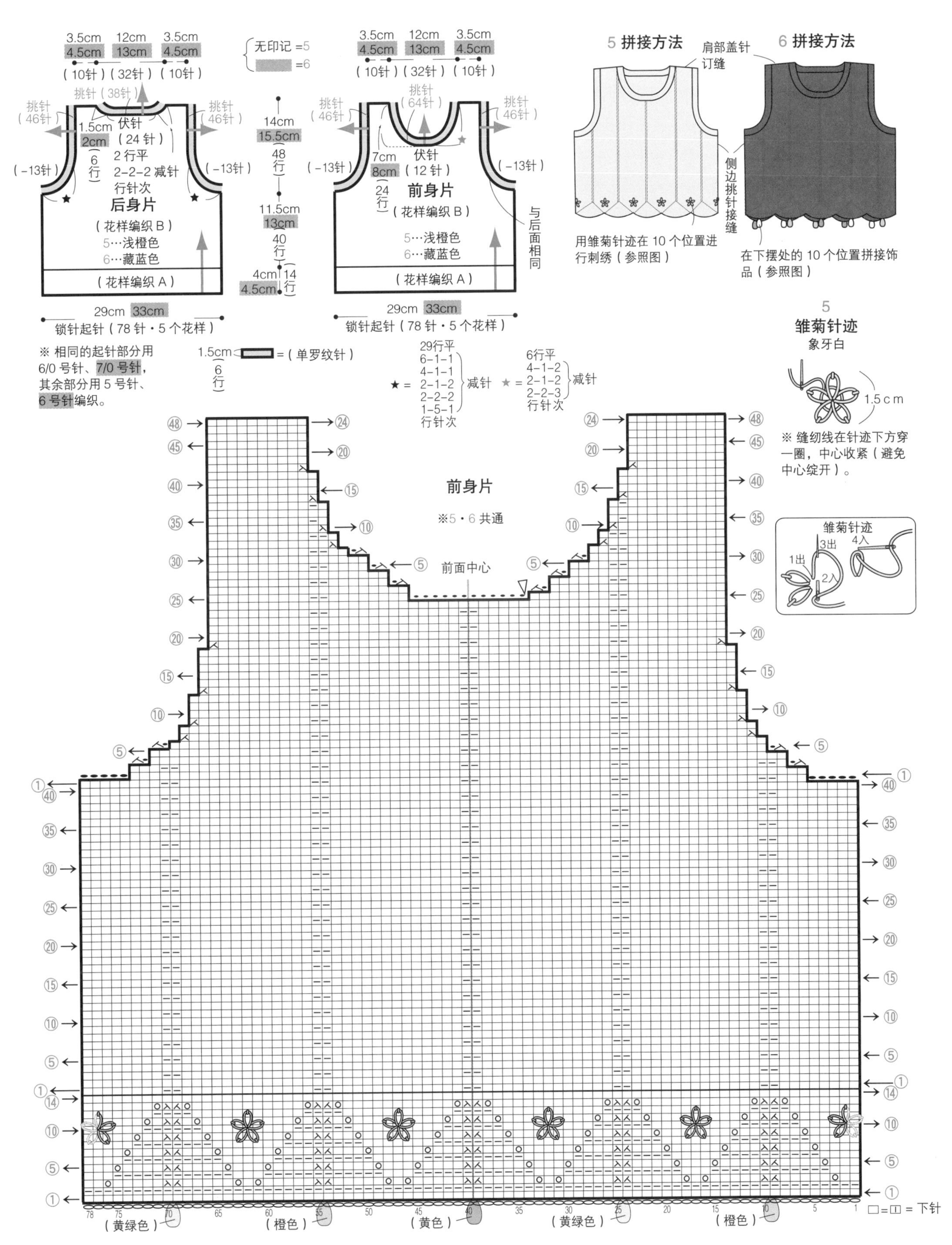
3.5cm 4.5cm
12cm 13cm
3.5cm 4.5cm
（10针）（32针）（10针）
挑针（38针）
挑针（46针）
1.5cm 2cm（6行）
伏针（24针）
2行平
2-2-2 减针
行针次
（-13针）
后身片
（花样编织 B）
5…浅橙色
6…藏蓝色
（花样编织 A）
29cm 33cm
锁针起针（78针・5个花样）
无印记 =5
=6
14cm 15.5cm（48行）
11.5cm 13cm（40行）
4cm 4.5cm（14行）
挑针（64针）
7cm 8cm（24行）
伏针（12针）
前身片
（花样编织 B）
5…浅橙色
6…藏蓝色
（花样编织 A）
与后面相同
29cm 33cm
锁针起针（78针・5个花样）
※ 相同的起针部分用 6/0 号针、7/0 号针，其余部分用 5 号针、6 号针编织。
1.5cm（6行）= （单罗纹针）
★ = 29行平 6-1-1 4-1-1 2-1-2 2-2-2 1-5-1 行针次 减针
★ = 6行平 4-1-2 2-1-2 2-2-3 行针次 减针
5 拼接方法
肩部盖针订缝
侧边挑针接缝
用雏菊针迹在 10 个位置进行刺绣（参照图）
6 拼接方法
在下摆处的 10 个位置拼接饰品（参照图）
5
雏菊针迹
象牙白
1.5cm
※ 缝纫线在针迹下方穿一圈，中心收紧（避免中心绽开）。
雏菊针迹
1出
2入
3出
4入
前身片
※5・6 共通
前面中心
（黄绿色）
（橙色）
（黄色）
（黄绿色）
（橙色）
□=□ = 下针

7 襁褓 作品…p14

●材料
Royal Baby/ 本白…410g

●针
5/0 号钩针

●成品尺寸
74cm × 71.5cm

●标准织片
花样钩织 / 边长 10cm 的正方形 26 针 11.5 行

●编织方法

1 主体部分织入 188 针锁针起针，然后用花样钩织的方法织入 82 行。
2 花朵花片先用圆环起针，然后按照图示方法织入 2 行。同样的花片钩织 30 块。
3 在主体的两端各缝 15 块花朵花片。

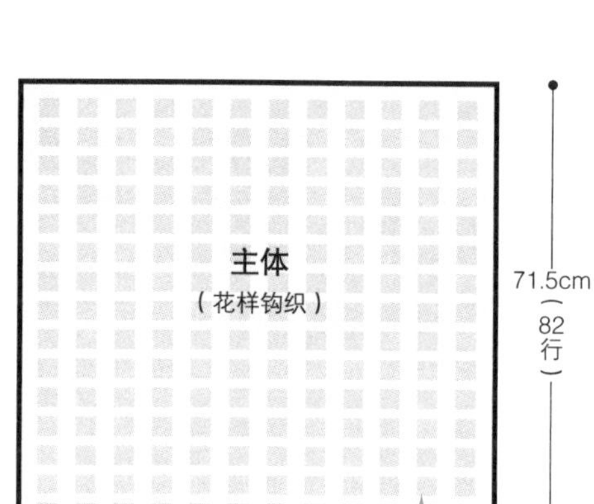
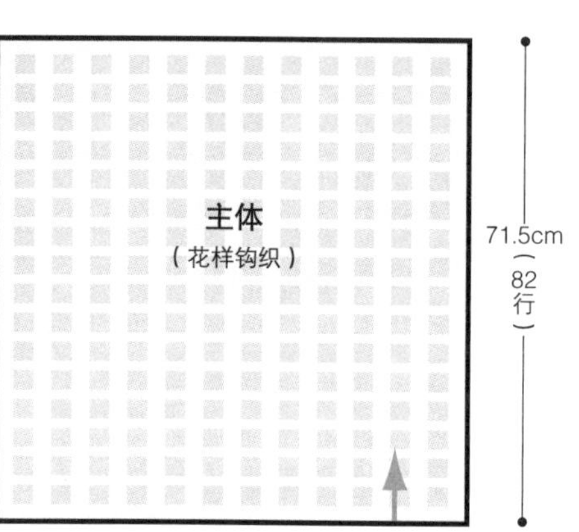

拼接方法

主体
花朵花片
74cm

※ 在主体的两侧各拼接 15 块花朵花片。

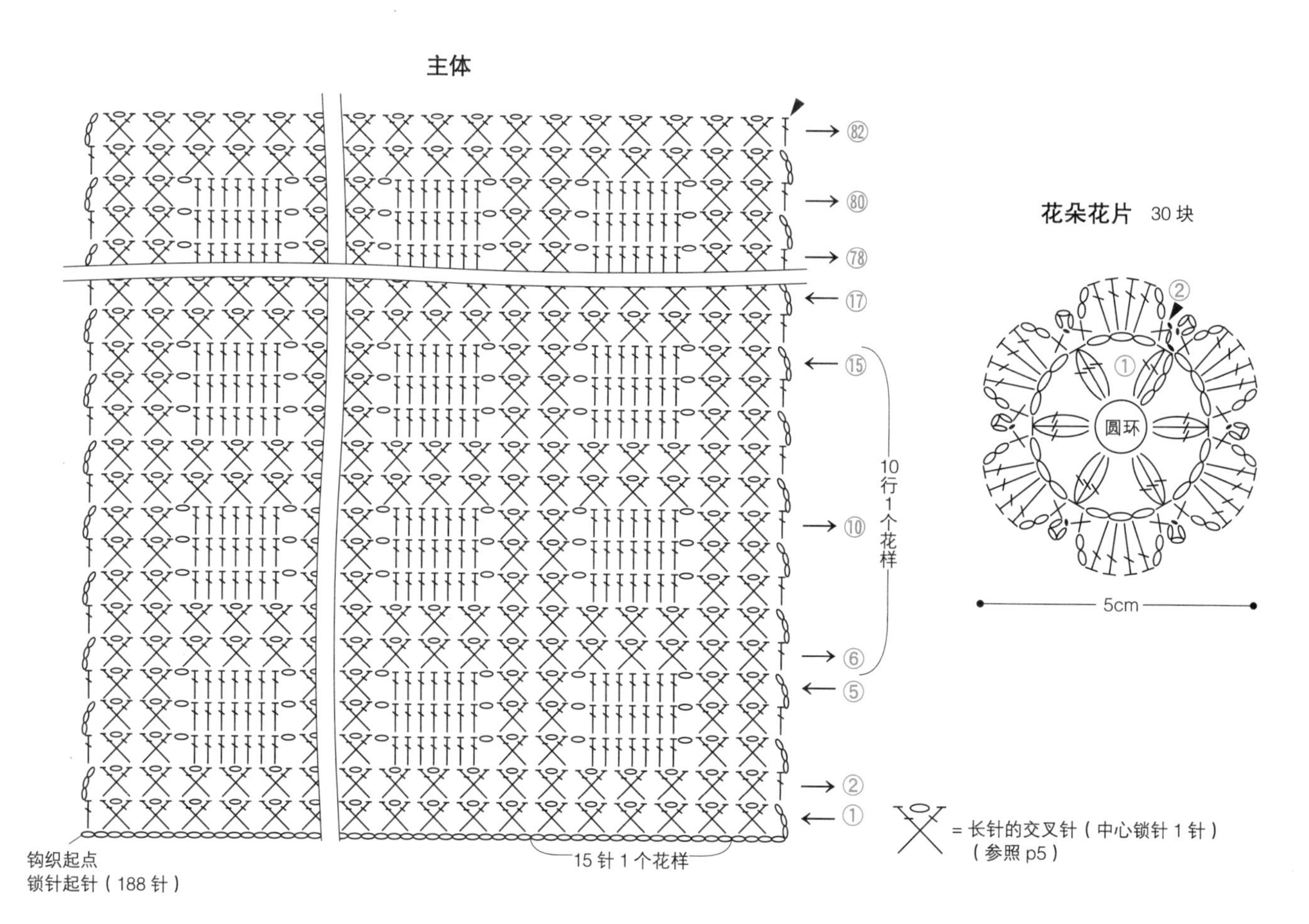

8 小熊玩偶 作品…p15

作品…p15

●材料

Milky Kids/ 象牙白…25g，焦茶色、黑色…各少许 Make Make Socks/ 暖色系段染线…5g 手工棉…适量

●针

5/0 号钩针

●成品尺寸

高 19cm

●编织方法

1 脸部、躯干、下肢、上肢、耳朵、鼻子、尾巴用圆环的方法起针，然后分别参照图继续钩织。

2 嘴巴周围部分先织入 2 针锁针起针，然后按照图示方法织入 5 行。

3 参照拼接方法，将各部分拼接缝好，并在眼睛和鼻子的下方进行刺绣。

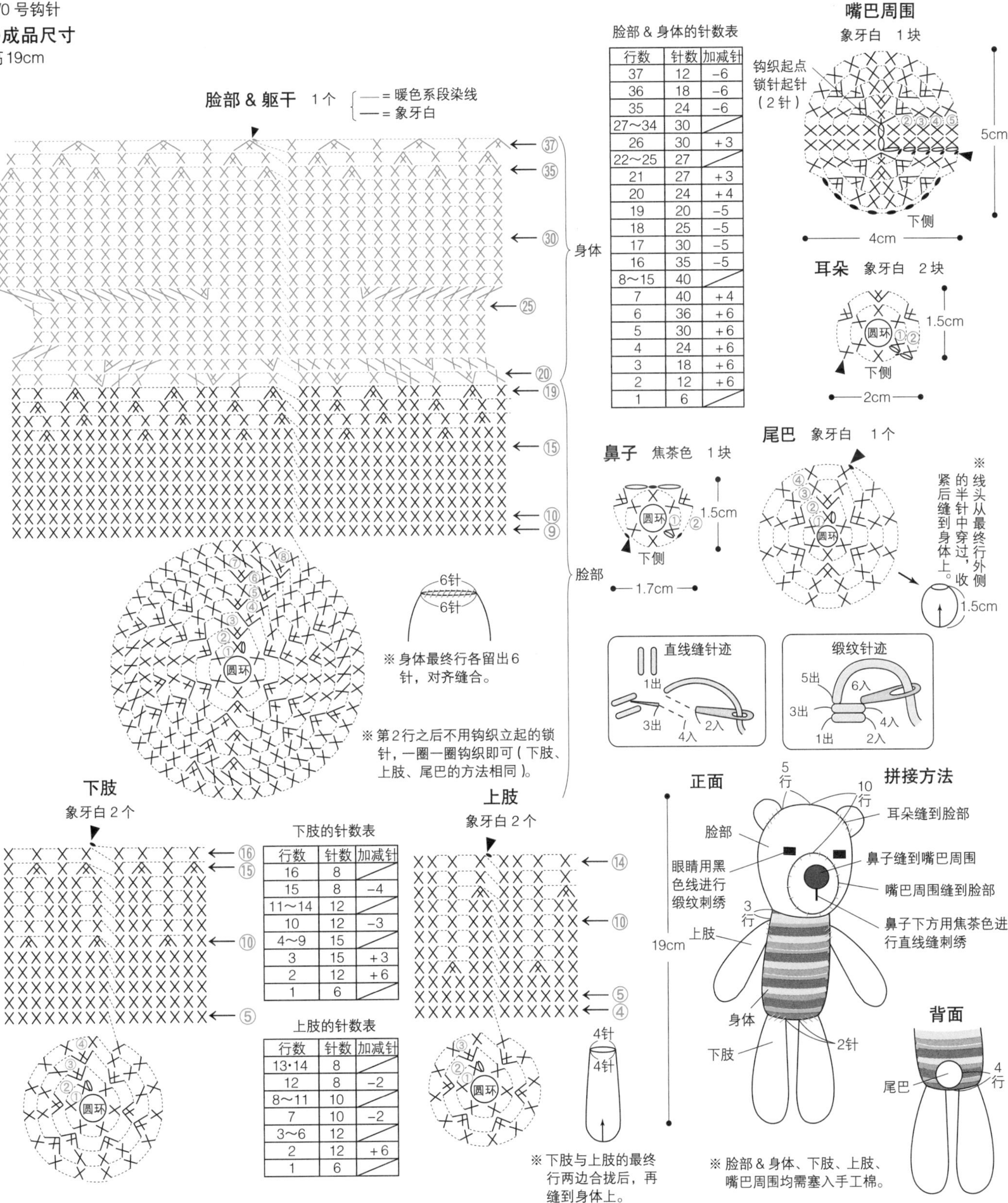

脸部 & 身体的针数表

行数	针数	加减针
37	12	–6
36	18	–6
35	24	–6
27～34	30	
26	30	+3
22～25	27	
21	27	+3
20	24	+4
19	20	–5
18	25	–5
17	30	–5
16	35	–5
8～15	40	
7	40	+4
6	36	+6
5	30	+6
4	24	+6
3	18	+6
2	12	+6
1	6	

下肢的针数表

行数	针数	加减针
16	8	
15	8	–4
11～14	12	
10	12	–3
4～9	15	
3	15	+3
2	12	+6
1	6	

上肢的针数表

行数	针数	加减针
13•14	8	
12	8	–2
8～11	10	
7	10	–2
3～6	12	
2	12	+6
1	6	

9・10 长款背心 作品…p16

●**9 的材料**

Milky Kids/ 象牙白…155g　直径 1.8cm 的纽扣…4 颗

●**10 的材料**

Make Make/ 黄色系段染线…180g　直径 1.8cm 的纽扣…4 颗

●**针**

9…5/0 号、6/0 号钩针

10…6/0 号、7/0 号钩针

●**成品尺寸**

9…胸围 59cm，肩背宽 22cm，衣长 37.5cm

10…胸围 64.5cm，肩背宽 23cm，衣长 41cm

●**标准织片**

9…花样钩织 A/ 边长 10cm 的正方形 22 针 10 行，花样钩织 B/ 边长 10cm 的正方形 24.5 针 9 行

10…花样钩织 A/ 边长 10cm 的正方形 19.5 针 9 行，花样钩织 B/ 边长 10cm 的正方形 22 针 8 行

●**编织方法**

1　后身片织入 76 针锁针、左右前身片织入 39 针锁针起针，然后分别用花样钩织 A 的方法织入 20 行。接着用花样钩织 B 的方法钩织，在袖口、领口进行减针的同时继续钩织至最终行。

2　肩部用卷针订缝的方法处理（参照 p5），侧边用锁针接缝的方法缝合（参照 p4）。

3　在左侧下摆处接线，接着下摆、前端、领口处在周围钩织 4 行花边，然后在第 2 行的右前端留出纽扣眼。袖口处织入 4 行花边。10 在花边的第 4 行无需织入小链针（参照图）。

4　10 需要钩织蝴蝶结。按照图示方法将蝴蝶结的主体与带子缝到后身片。

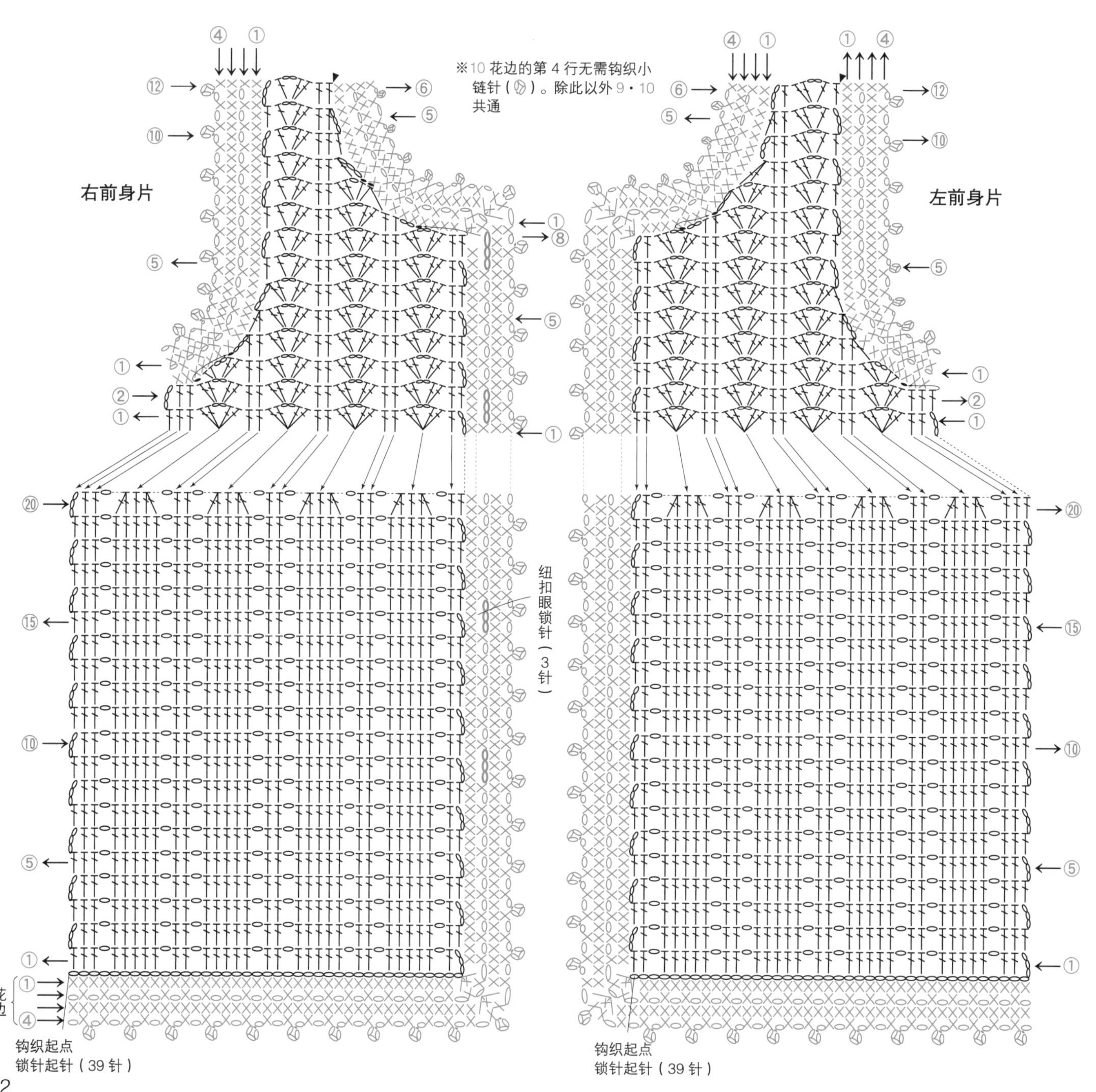

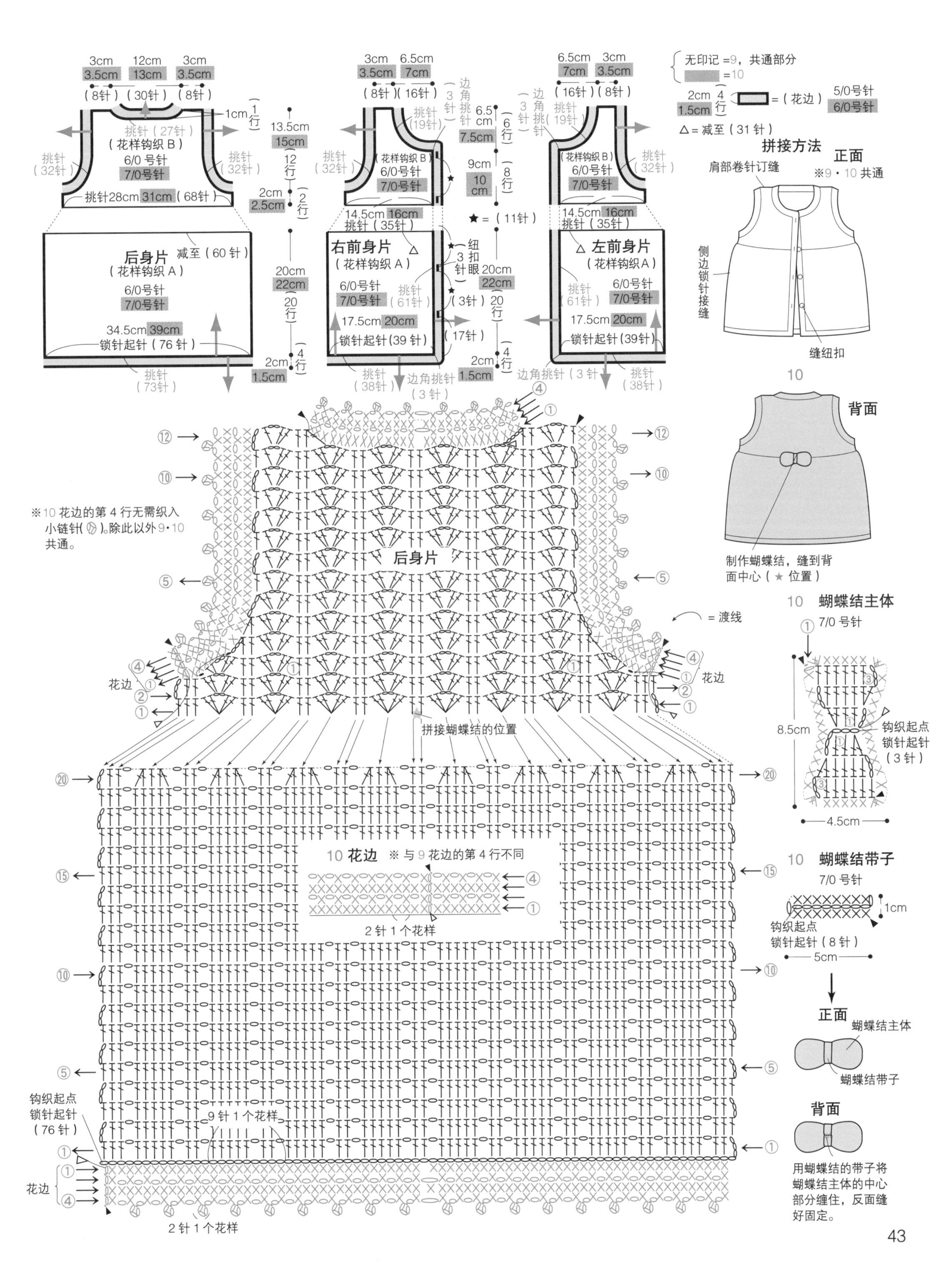

无印记 =9，共通部分
=10
2cm 1.5cm 4行 =（花边） 5/0号针 6/0号针
△=减至（31针）
拼接方法
正面
※9・10 共通
肩部卷针订缝
侧边锁针接缝
缝纽扣
后身片
（花样钩织A）
6/0号针 7/0号针
减至（60针）
34.5cm 39cm
锁针起针（76针）
挑针（73针）
（花样钩织B）
6/0号针 7/0号针
挑针（27针）
挑针（32针）
挑针28cm 31cm（68针）
3cm 3.5cm 12cm 13cm 3cm 3.5cm
（8针）（30针）（8针）
1cm 1行
13.5cm 15cm 12行
2cm 2.5cm 2行
20cm 22cm 20行
2cm 1.5cm 4行
右前身片
（花样钩织A）
6/0号针 7/0号针
挑针（61针）
17.5cm 20cm
锁针起针(39针)
挑针（38针）
边角挑针（3针）
14.5cm 16cm
挑针（35针）
（花样钩织B）
挑针（19针）
边角挑针（3针）
3cm 3.5cm 6.5cm 7cm
（8针）（16针）
6.5cm 7.5cm 6行
9cm 10cm 8行
★=（11针）
纽扣眼 3针
（3针）
（17针）
20cm 22cm 20行
2cm 1.5cm 4行
左前身片
（花样钩织A）
6/0号针 7/0号针
挑针（61针）
17.5cm 20cm
锁针起针(39针)
挑针（38针）
边角挑针（3针）
14.5cm 16cm
挑针（35针）
6.5cm 7cm 3cm 3.5cm
（16针）（8针）
10
背面
制作蝴蝶结，缝到背面中心（★位置）
10 蝴蝶结主体
7/0 号针
8.5cm
钩织起点 锁针起针（3针）
4.5cm
10 蝴蝶结带子
7/0 号针
1cm
钩织起点 锁针起针（8针）
5cm
正面
蝴蝶结主体
蝴蝶结带子
背面
用蝴蝶结的带子将蝴蝶结主体的中心部分缠住，反面缝好固定。
※10 花边的第4行无需织入小链针( )。除此以外9・10共通。
后身片
= 渡线
花边
拼接蝴蝶结的位置
10 花边 ※与9花边的第4行不同
2针1个花样
9针1个花样
钩织起点 锁针起针（76针）
2针1个花样

11・12 斗篷 作品…p18

● **11 的材料**
Royal Baby/ 本白…130g

● **12 的材料**
Three House Berries/ 浅茶色…175g

● **针**
11…5/0 号钩针
12…6/0 号钩针

● **成品尺寸**
参照图

● **标准织片**
11…花样钩织 / 边长 10cm 的正方形 3.2 个花样 13.5 行
12…花样钩织 / 边长 10cm 的正方形 2.9 个花样 11.5 行

● **编织方法**

1 主体织入 73 针锁针，然后用花样钩织的方法进行加针，同时织入 29 行。接着用花边 A、花边 B 在周围钩织 1 行。

2 绳带织入 200 针起针，然后用引拔针钩织 1 行。花朵花片部分先用圆环起针，然后按照图示方法钩织 1 行。

3 绳带穿入主体的第 2 行，之后在绳带的两端缝上花朵花片。

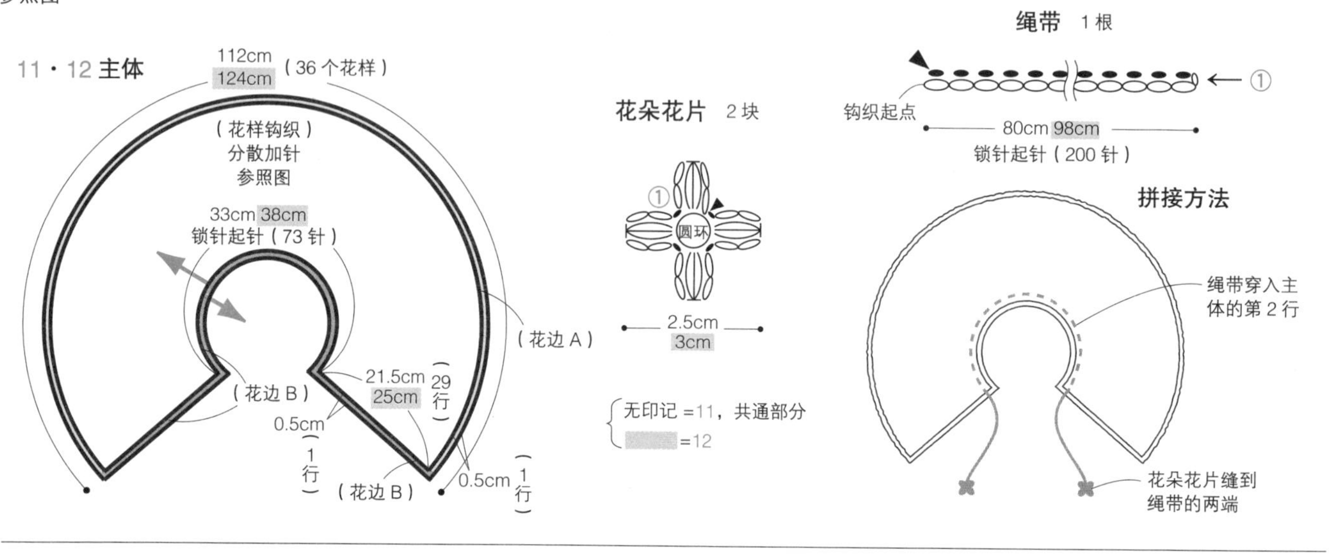

※ 接 p37・3 庆典礼裙的衣领与袖子

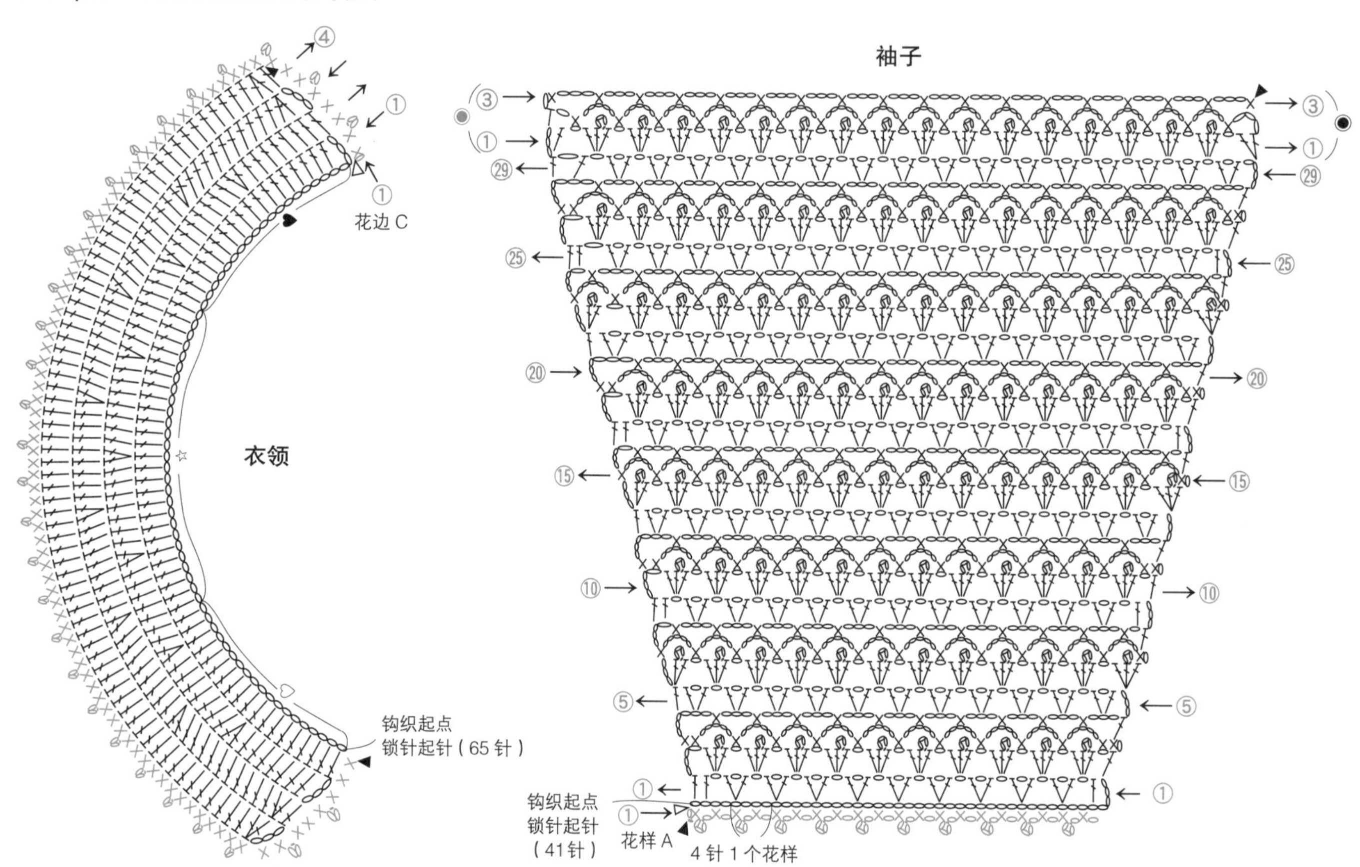

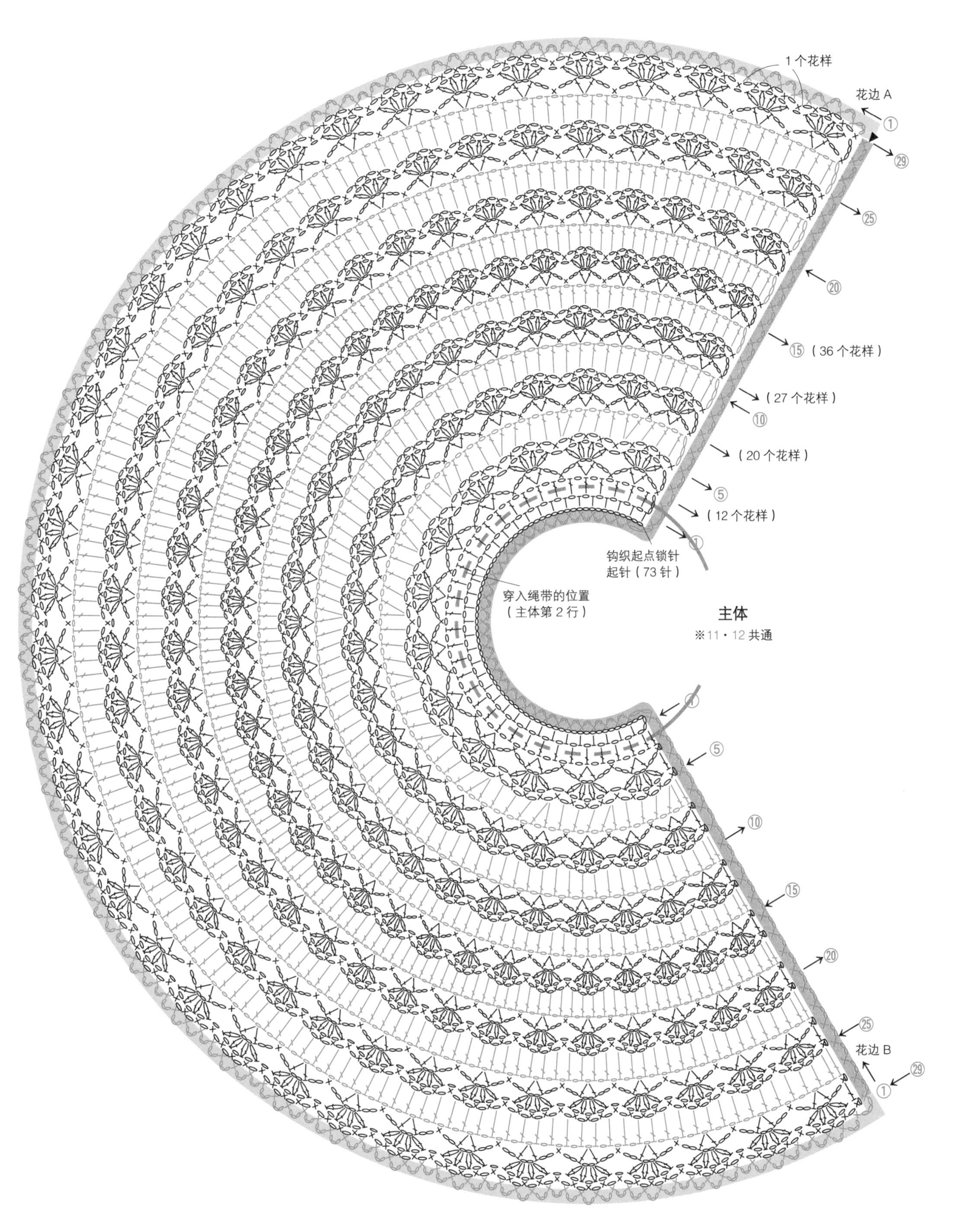
1 个花样
花边 A
①
㉙
㉕
⑳
⑮（36 个花样）
（27 个花样）
⑩
（20 个花样）
⑤
（12 个花样）
①
钩织起点锁针
起针（73 针）
穿入绳带的位置
（主体第 2 行）
主体
※11・12 共通
①
⑤
⑩
⑮
⑳
㉕
花边 B
㉙
①

13・14 背心 作品…p20、21

● **13 的材料**

Milky Baby/ 粉蓝色…145g　直径 2.5cm 的纽扣…3 颗

● **14 的材料**

Premier/ 藏蓝色…125g，本白…80g　直径 2.1cm 的纽扣…3 颗

● **针**

5/0 号钩针

● **成品尺寸**

13…胸围 64cm，肩背宽 31cm，衣长 31cm

14…胸围 64cm，肩背宽 31cm，衣长 32cm

● **标准织片**

13…花样钩织 A/ 边长 10cm 的正方形 21.5 针 14 行

14…花样条纹钩织 A/ 边长 10cm 的正方形 21.5 针 13.5 行

● **编织方法**

1　织入 145 针锁针起针，13 用花样钩织 A、14 用花样条纹钩织 A 接着前后身片钩织侧边至第 24 行。从下一行起分成右前身片、后身片、左前身片钩织。

2　肩部采用卷针订缝的方法处理（参照 p5）。

3　从前后身片的领口挑针，13 的衣领部分用花样钩织 B 织入 5 行，14 的帽子部分用花样条纹钩织 A 织入 17 行。帽子顶部▲与▲的印记对齐后，用锁针订缝的方法处理（参照 p4）。

4　13 在左前端接线，接着前端、下摆处用短针钩织 3 行。14 在右侧下摆处接线，接着下摆、前襟、帽子处用短针钩织 3 行。

5　13 在袖口处往复钩织 3 行花边。14 在袖口处往复钩织 7 行短针。用卷针订缝的方法，分别将花边、短针与下面的袖口缝合。

6　在缝纽扣的位置缝上纽扣。

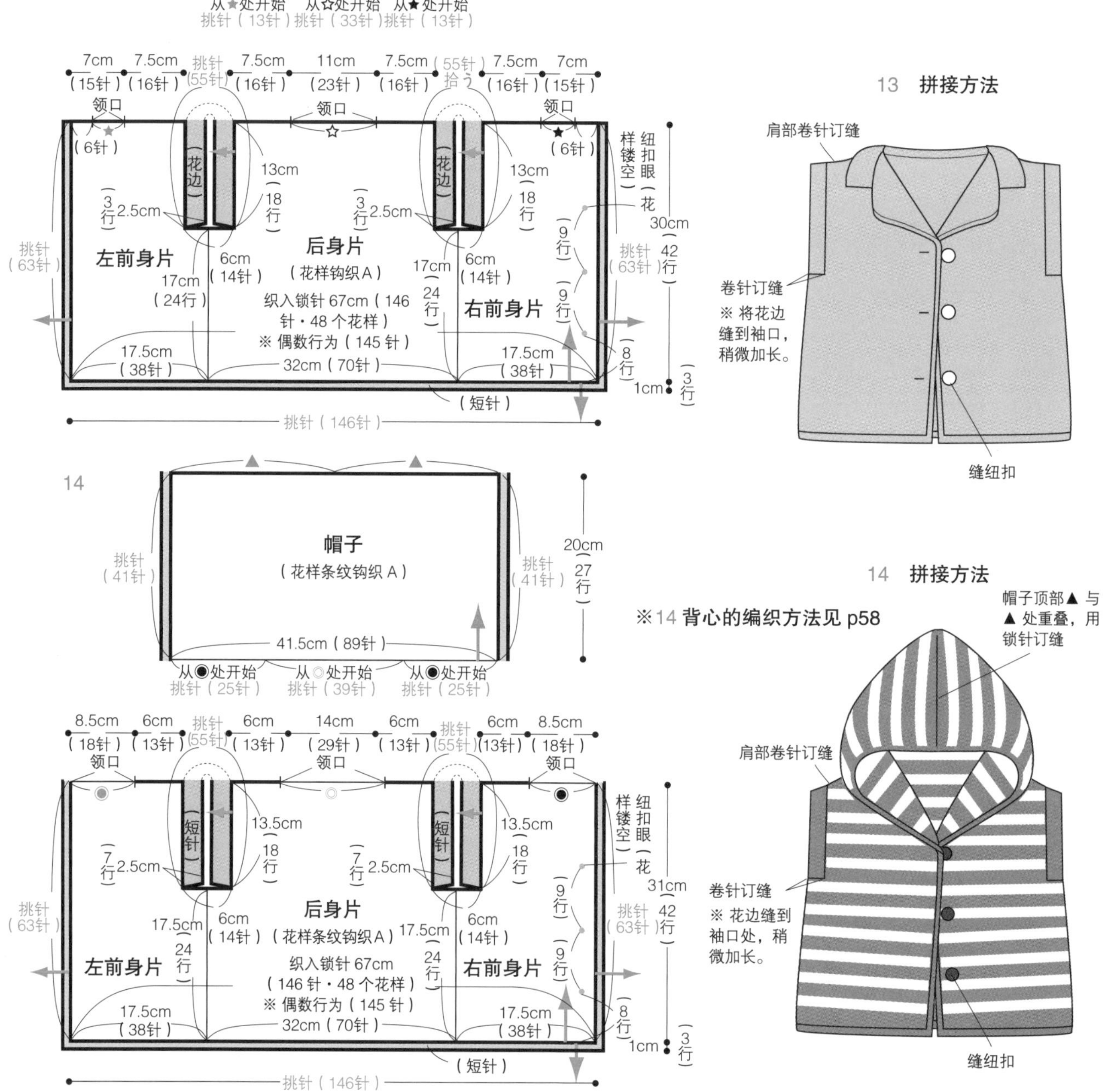

※14 背心的编织方法见 p58

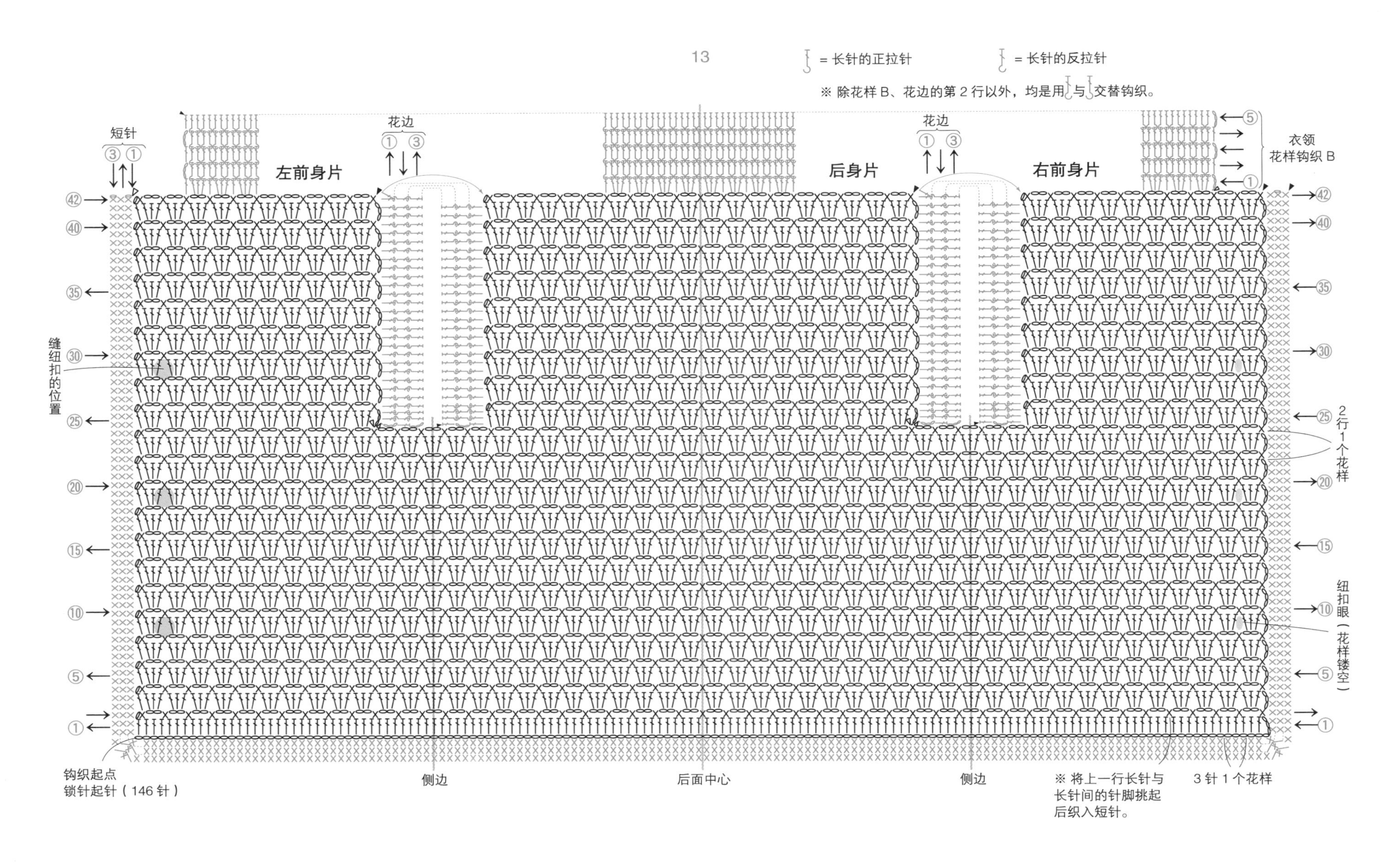
13
= 长针的正拉针
= 长针的反拉针
※ 除花样 B、花边的第 2 行以外，均是用与交替钩织。
短针
花边
左前身片
后身片
右前身片
衣领
花样钩织 B
缝纽扣的位置
2行1个花样
纽扣眼（花样镂空）
钩织起点
锁针起针（146 针）
侧边
后面中心
侧边
※ 将上一行长针与长针间的针脚挑起后织入短针。
3 针 1 个花样

15・16 无袖连身裙 作品…p22、23

● **15 的材料**

Royal Baby/ 浅粉色…155g　直径 1.3cm 的纽扣…1 颗

● **16 的材料**

Royal Baby/ 米褐色…180g　直径 1.3cm 的纽扣…1 颗

● **针**

5/0 号钩针

● **成品尺寸**

15…胸围 63cm，肩背宽 22cm，衣长 41cm

16…胸围 63cm，肩背宽 27cm，衣长 43.5cm

● **标准织片**

花样钩织 / 边长 10cm 的正方形 28 针 10 行

● **编织方法**

1　前后身片分别用锁针织入 105 针起针，然后用花样钩织的方法在侧边进行减针，同时织入 26 行。接着在袖口、领口进行减针，同时钩织至最终行。

2　肩部用锁针订缝的方法处理，侧边用锁针接缝的方法缝合（参照 p4）。

3　15 的下摆处织入 2 行花边，16 的下摆处织入 6 行花边。

4　15・16 的袖口处织入 2 行花边，16 在指定位置接线，然后钩织至第 6 行。

5　用花边和短针钩织领口，中途在后面领口留出纽扣眼。

6　在缝纽扣的位置缝上纽扣。

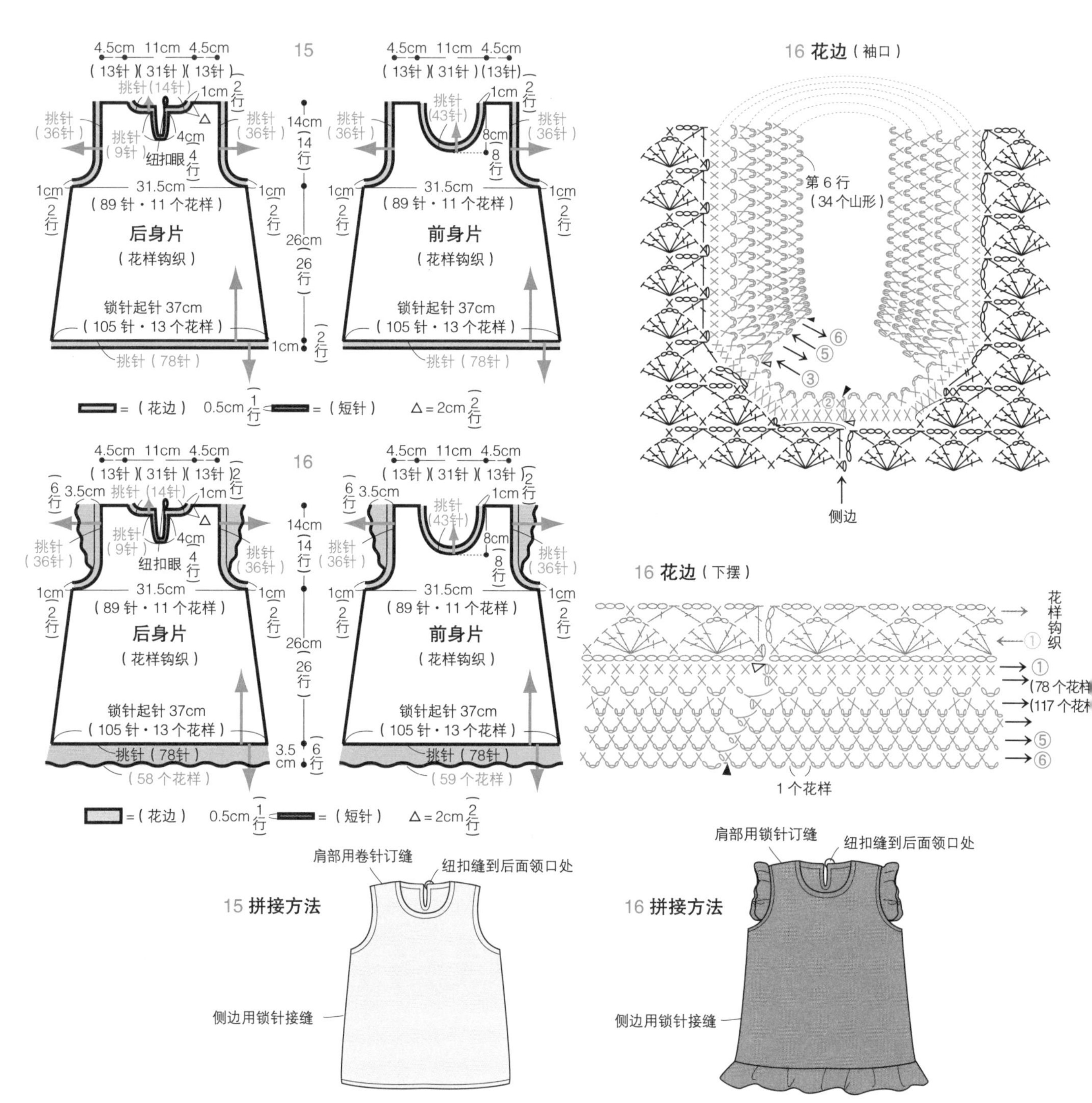

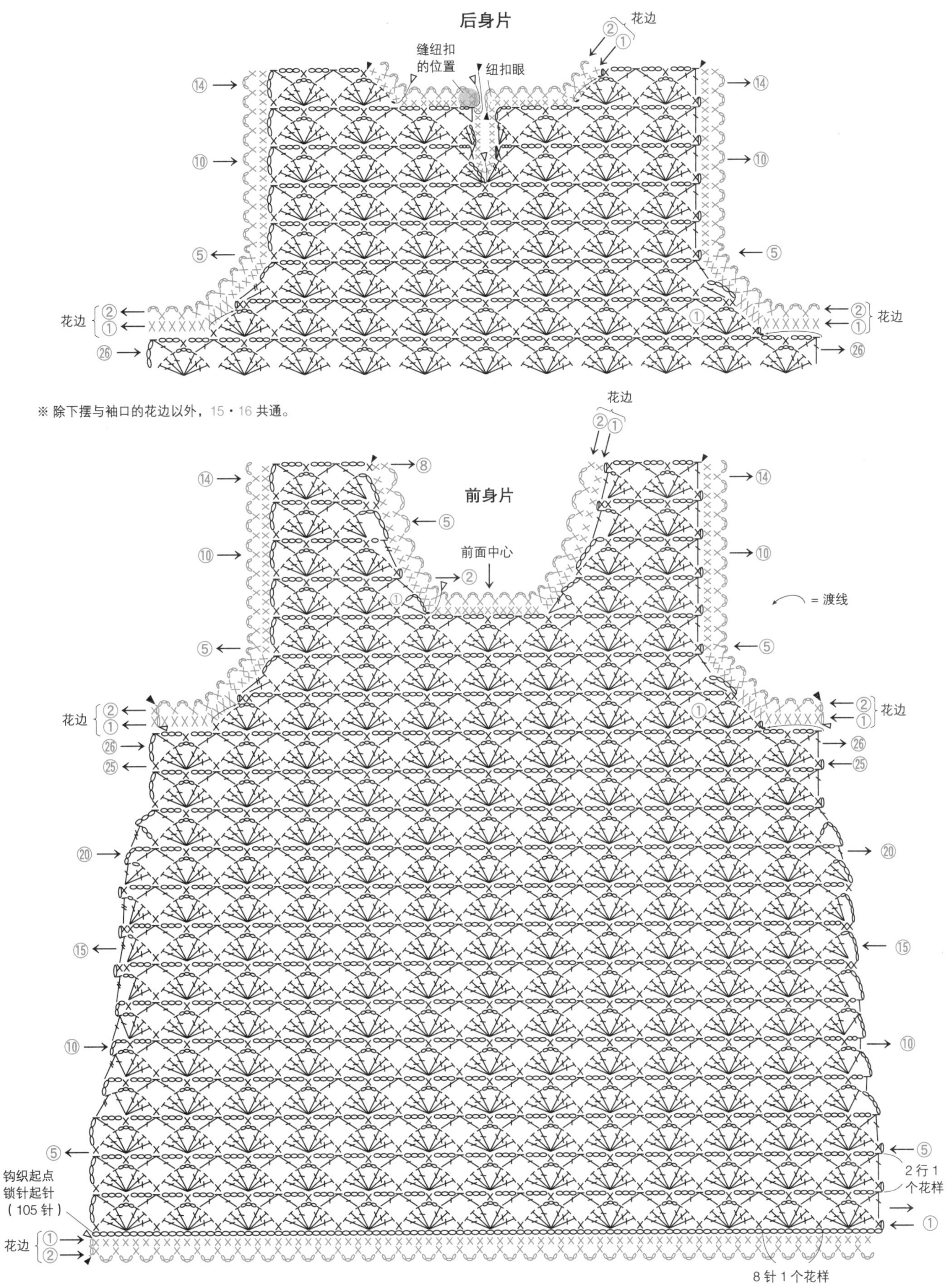
后身片
花边
②
①
缝纽扣
的位置
纽扣眼
⑭
⑩
⑤
花边
②
①
㉖
※ 除下摆与袖口的花边以外，15・16 共通。
花边
前身片
⑧
前面中心
= 渡线
⑳
⑮
钩织起点
锁针起针
（105 针）
2 行 1
个花样
8 针 1 个花样

17・18 手套 作品…p24

● **17 的材料**
Royal Baby/ 本白…20g，浅粉色…2g

● **18 的材料**
Premier/ 深粉色…11g，土黄色…7g，黄绿色…5g

● **针**
17…5/0 号钩针
18…6/0 号钩织

● **成品尺寸**
17…手掌围 12cm，长 9.5cm
18…手掌围 13cm，长 9.5cm

● **标准织片**
17…花样钩织 / 边长 10cm 的正方形 25 针 15 行
18…花样钩织 / 边长 10cm 的正方形 23 针 14 行

● **编织方法**
※ 主体的花样钩织部分，将织片的反面用做正面。

1 主体先用圆环起针的方法织入起针，然后按照图示方法，用花样条纹织入 12 行，第 9 行的大拇指位置需织入 5 针锁针。之后，17 织入 3 行花边，18 织入 2 行短针。

2 在大拇指的位置接线后挑针，用短针在大拇指处织入 7 行。将编织线穿入第 7 行头针的外侧半针中，收紧。

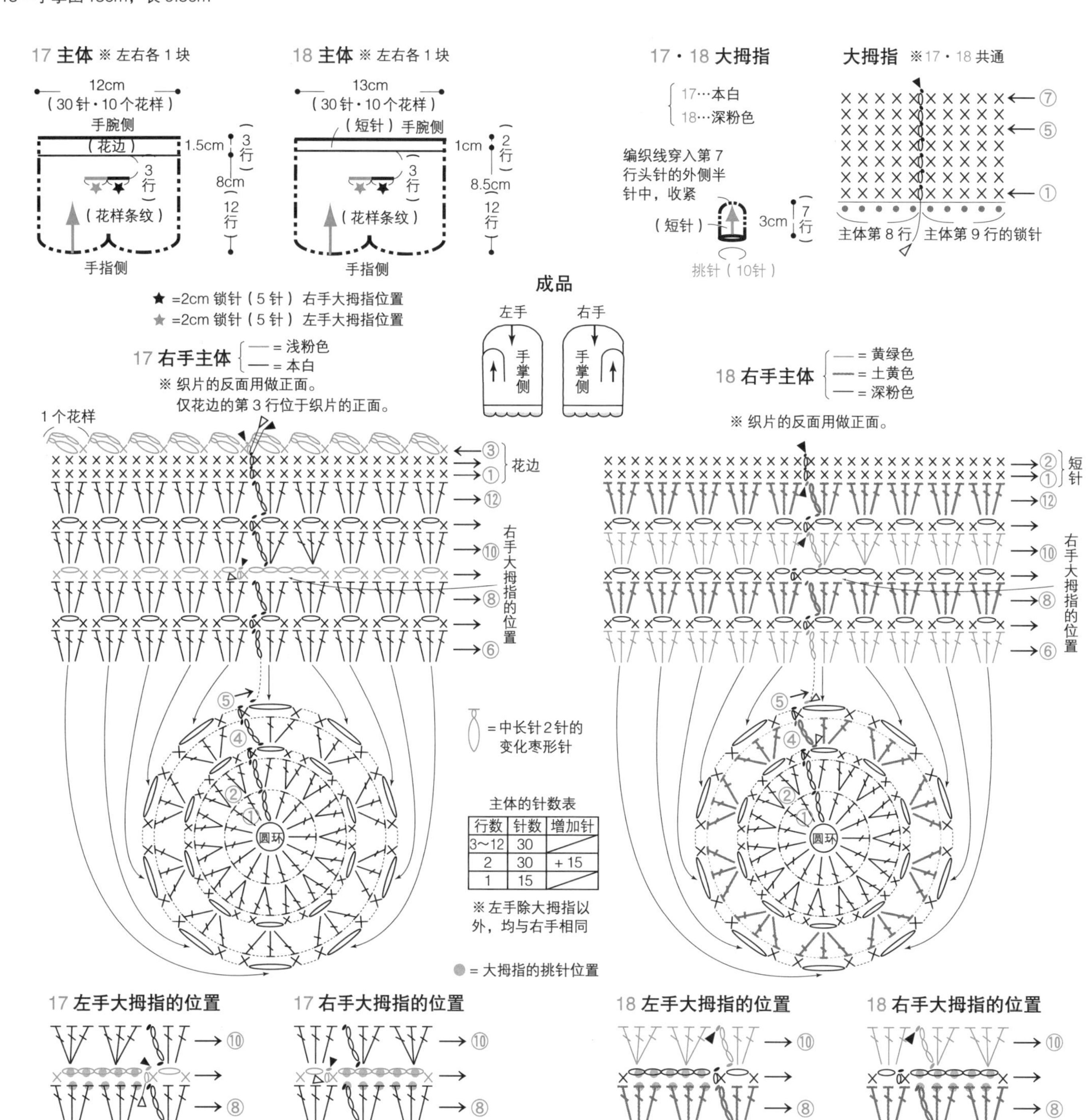

行数	针数	增加针
3~12	30	
2	30	+15
1	15	

19 两用的帽子 & 围脖 作品…p25

作品…p25

●材料
Royal Baby/ 浅粉色…45g

●针
5/0 号钩针

●成品尺寸
周长 40cm，深 15.5cm

●标准织片
花样钩织 A/ 边长 10cm 的正方形 22.5 针 13.5 行，花样钩织 B/ 边长 10cm 的正方形 7.5 个花样 15 行

●编织方法
1 主体部分织入 90 针起针，呈环形。用花样钩织 A 织入 12 行，然后再用花样钩织 B 织入 9 行。钩织起点处织入 1 行花边。
2 绳带部分织入 120 针起针，然后用引拔针织入 1 行。最后穿入花样钩织 B 的第 9 行中。

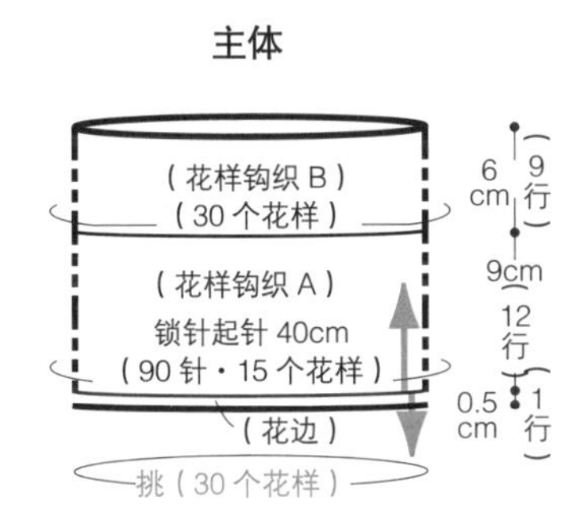

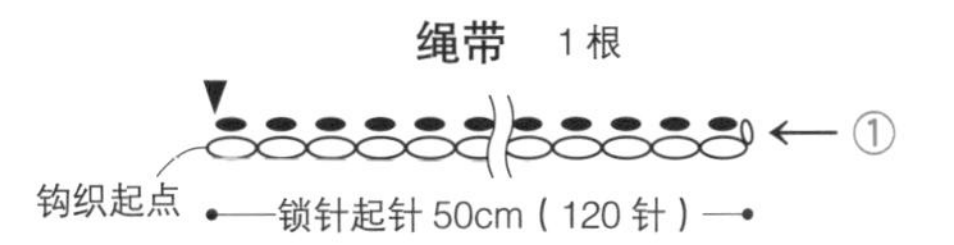

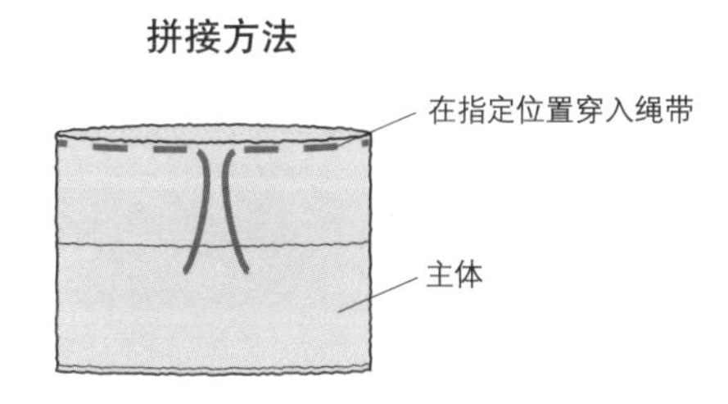

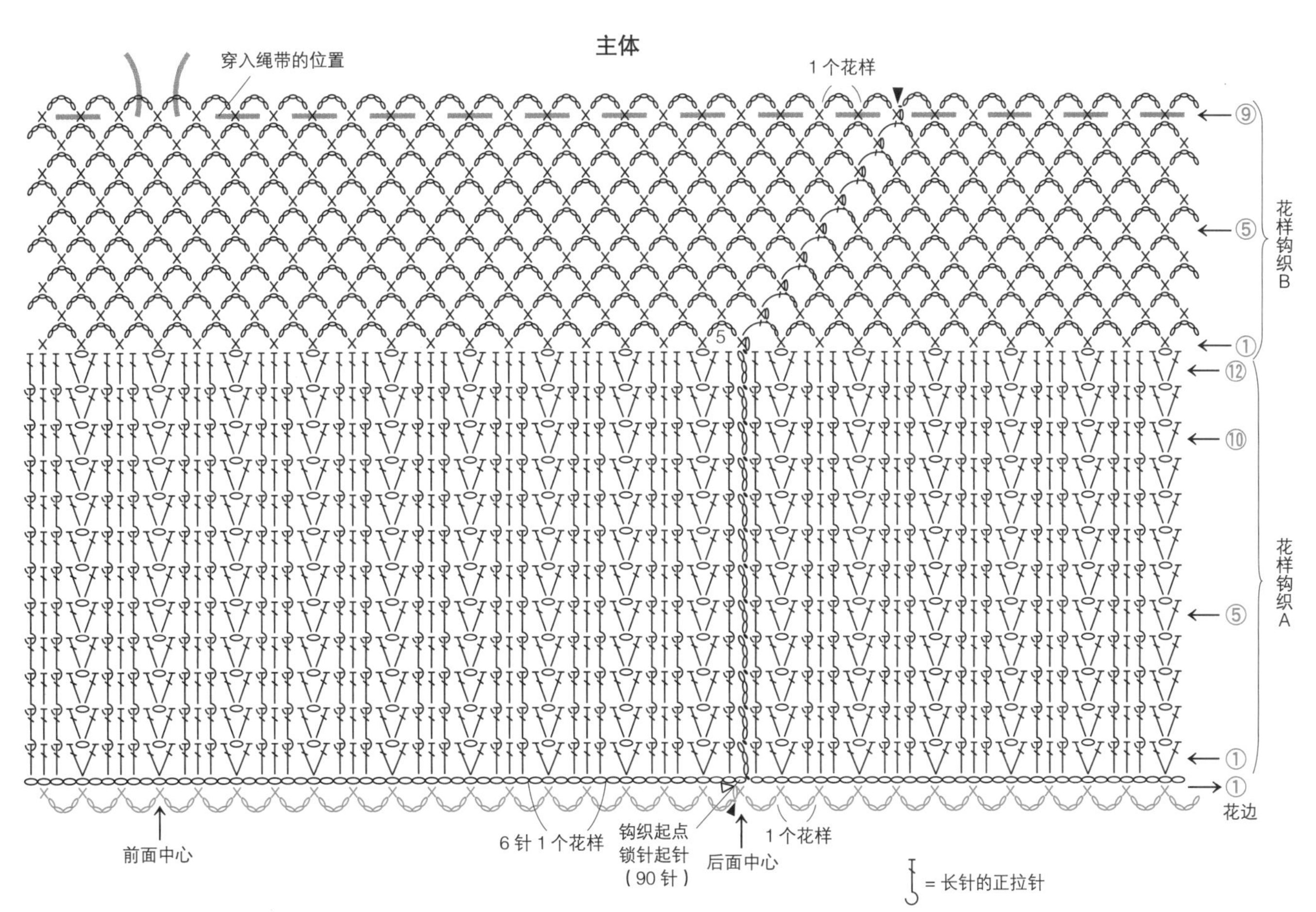

20・21 短袜 作品…p26

● **20 的材料**
Royal Baby/ 象牙白…20g

● **21 的材料**
Make Make Socks/ 暖色系段染线…20g

● **针**
20…7 号棒针 4 根，6/0 号钩针
21…5 号棒针 4 根

● **成品尺寸**
20…袜口 12cm，袜尖至袜口长度 17cm
21…袜口 12cm，袜尖至袜口长度 20cm

● **标准织片**
20…上下针编织 / 边长 10cm 的正方形 23.5 针 30 行
21…上下针编织 / 边长 10cm 的正方形 26 针 31.5 行

● **编织方法**

1 用手指起针的方法起针，20 织入 28 针、21 织入 32 针，然后用单罗纹针和平针编织，20 织入 13 行、21 织入 16 行。从下一行开始用上下针和平针编织，20 织入 30 行、21 织入 40 行，然后在袜尖部分进行减针，同时用上下针编织至最终行。

2 袜尖部分用上下针订缝的方法处理（参照 p6）。

3 20 编织起点的袜口侧用钩织织入 1 行花边。

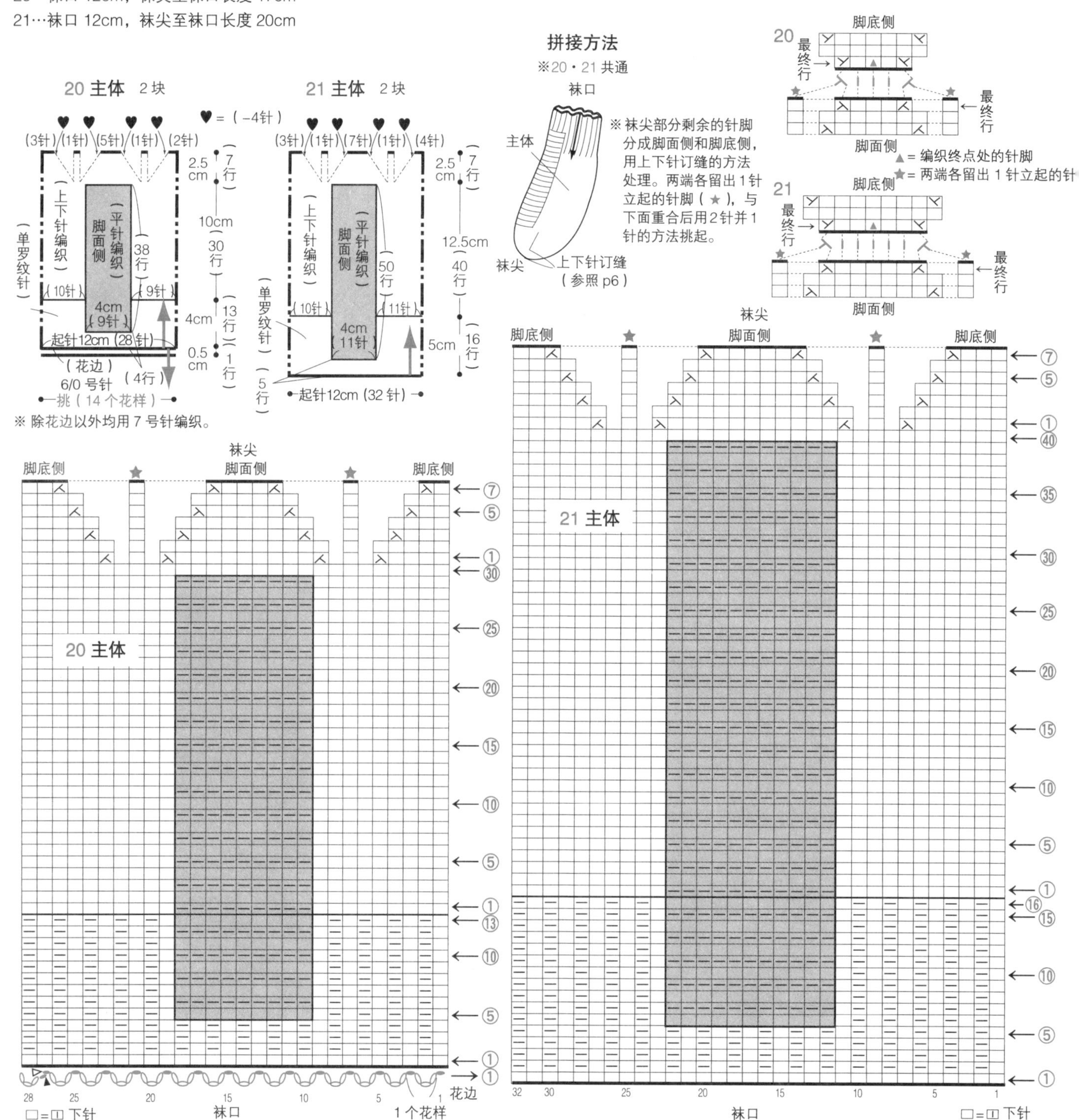

22・23 暖腿套 作品…p27

● 22 的材料

Milky Baby/ 象牙白…50g，浅橙色…少许

● 23 的材料

Make Make Socks/ 粉色系段染线…35g　Milk Baby/ 本白…6g

●针

22…4 号棒针 4 根，5/0 号钩针

23…5 号棒针 4 本，6/0 号钩针

●成品尺寸

22…周长 15cm，长度 22cm

23…周长 16cm，长度 24cm

●标准织片

22…花样编织 / 边长 10cm 的正方形 36 针 36 行

23…花样编织 / 边长 10cm 的正方形 34 针 33 行

●编织方法

1　主体部分用同样的方法织入 54 针锁针起针，然后用花样钩织的方法织入 79 行，编织终点处进行伏针收针。

2　22 在指定的位置用雏菊针迹进行刺绣。23 制作绒球，参照拼接方法缝到主体的终点处。

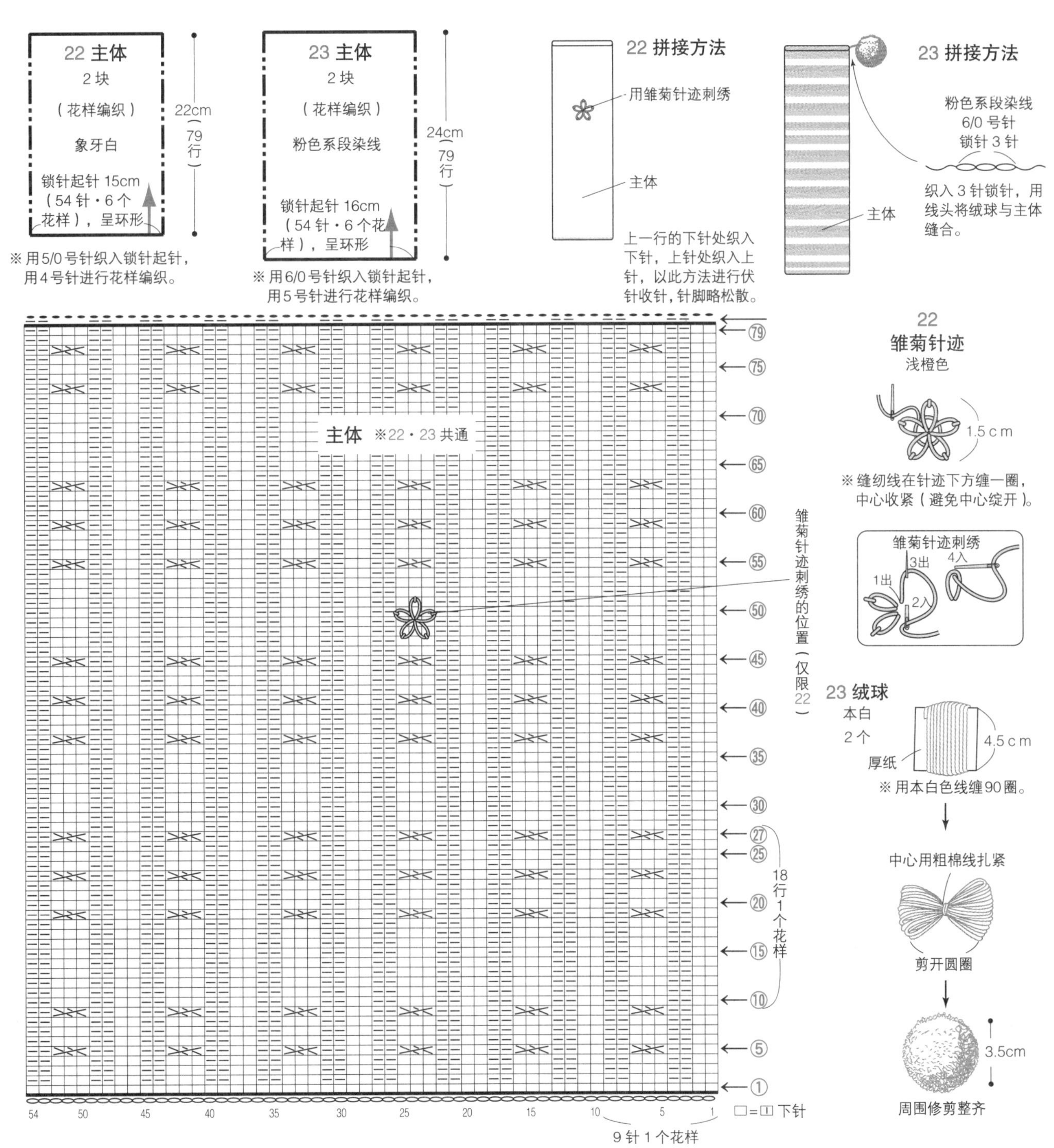

24・25・26・27 帽子 作品…p28、29

● **24 的材料**
Premier/ 浅茶色…35g，沙褐色…5g

● **25 的材料**
Premier/ 本白…30g，黑色…10g

● **26 的材料**
Premier/ 红色…30g，绿色…10g

● **27 的材料**
Milky Baby/ 粉蓝色…30g，象牙白…25g

● **针**
5/0 号钩针

● **成品尺寸**
24・25・26…头围 42cm，深 15cm（仅主体）
27…头围 44cm，深 16cm（仅主体）

● **标准织片**
24・25・26…长针 / 边长 10cm 的正方形 20 针 10 行
27…长针条纹 / 边长 10cm 的正方形 19 针 9.5 行

● **编织方法**

1　主体部分用圆环起针，然后用长针（仅 27 用长针条纹）织入 14 行。接着用短针织入 3 行。仅 26 在 21 个指定的位置钩织长针 4 针的爆米花针。

2　分别钩织 24、25 的耳朵、眼睛、鼻子。钩织 26 的草莓蒂。钩织 27 的护耳，制作绒球。

3　参照拼接方法，将各部分缝到主体上。

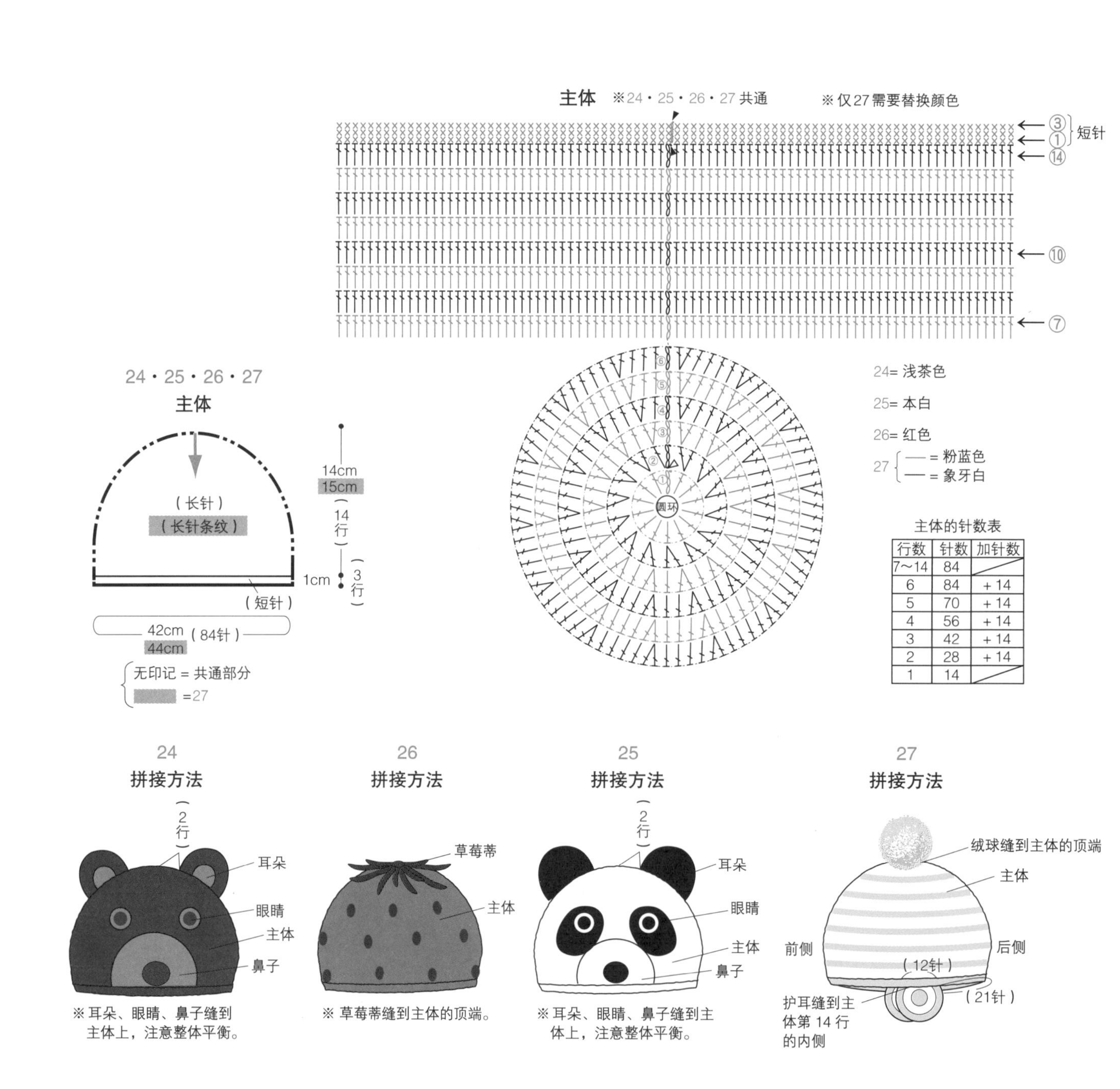

主体的针数表

行数	针数	加针数
7～14	84	
6	84	+14
5	70	+14
4	56	+14
3	42	+14
2	28	+14
1	14	

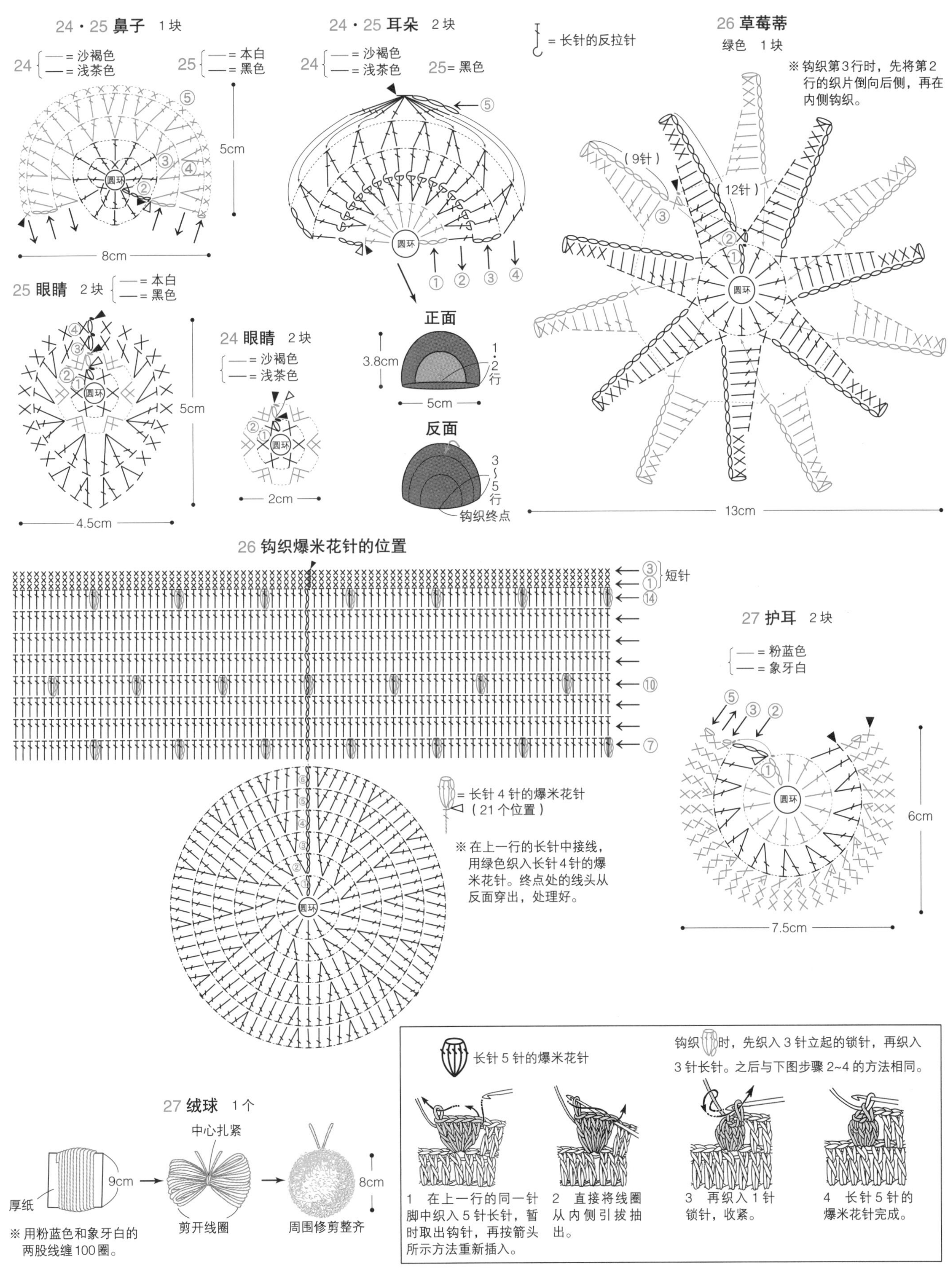
24・25 鼻子 1块
24 —— = 沙褐色 —— = 浅茶色
25 —— = 本白 —— = 黑色
5cm
8cm
圆环
24・25 耳朵 2块
24 —— = 沙褐色 —— = 浅茶色
25= 黑色
正面
3.8cm
1・2行
5cm
反面
3~5行
钩织终点
= 长针的反拉针
26 草莓蒂
绿色 1块
※ 钩织第3行时，先将第2行的织片倒向后侧，再在内侧钩织。
（9针）
（12针）
13cm
25 眼睛 2块
—— = 本白 —— = 黑色
5cm
4.5cm
24 眼睛 2块
—— = 沙褐色 —— = 浅茶色
2cm
26 钩织爆米花针的位置
短针
= 长针4针的爆米花针
（21个位置）
※ 在上一行的长针中接线，用绿色织入长针4针的爆米花针。终点处的线头从反面穿出，处理好。
27 护耳 2块
—— = 粉蓝色 —— = 象牙白
6cm
7.5cm
27 绒球 1个
中心扎紧
9cm
8cm
厚纸
剪开线圈
周围修剪整齐
※ 用粉蓝色和象牙白的两股线缠100圈。
长针5针的爆米花针
钩织 时，先织入3针立起的锁针，再织入3针长针。之后与下图步骤2~4的方法相同。
1 在上一行的同一针脚中织入5针长针，暂时取出钩针，再按箭头所示方法重新插入。
2 直接将线圈从内侧引拔抽出。
3 再织入1针锁针，收紧。
4 长针5针的爆米花针完成。

28・29 开衫 作品…p30

●28 的材料

Tree House Leaves/ 红色…240g　直径 2cm 的纽扣…4 颗

●29 的材料

Tree House Leaves/ 本白…190g　直径 2cm 的纽扣…4 颗

●针

6/0 号、7/0 号钩针

●成品尺寸

28…胸围 68cm，肩背宽 24cm，衣长 33cm，袖长 26cm

29…胸围 67cm，肩背宽 24cm，衣长 32cm，袖长 25cm

●标准织片

花样钩织 / 边长 10cm 的正方形 19 针 8.5 行

●编织方法

1　后身片织入 62 针锁针，左右前身片织入 32 针锁针，然后分别用花样钩织的方法钩织侧边至第 14 行，接着在袖口、领口进行减针，同时钩织至最终行。

2　肩部用卷针订缝的方法处理（参照 p5），侧边用锁针接缝的方法缝合（参照 p4）。

3　袖子织入 37 针锁针起针，然后用花样钩织的方法进行加针，同时织入 14 行。接着再进行减针，同时钩织至最终行。袖下用锁针接缝的方法缝合，再用引拔针与锁针接缝的方法将袖子拼接到衣身（参照 p5）。

4　在左侧下摆处接线，接着在下摆、前襟、领口处织入 4 行花边，注意需要在右前襟的第 2 行处制作纽扣眼。袖口也织入 4 行花边（29 的花边钩织至第 3 行）。

5　在缝纽扣的位置缝好纽扣。

6　钩织 29 的口袋，缝到左前身片上。

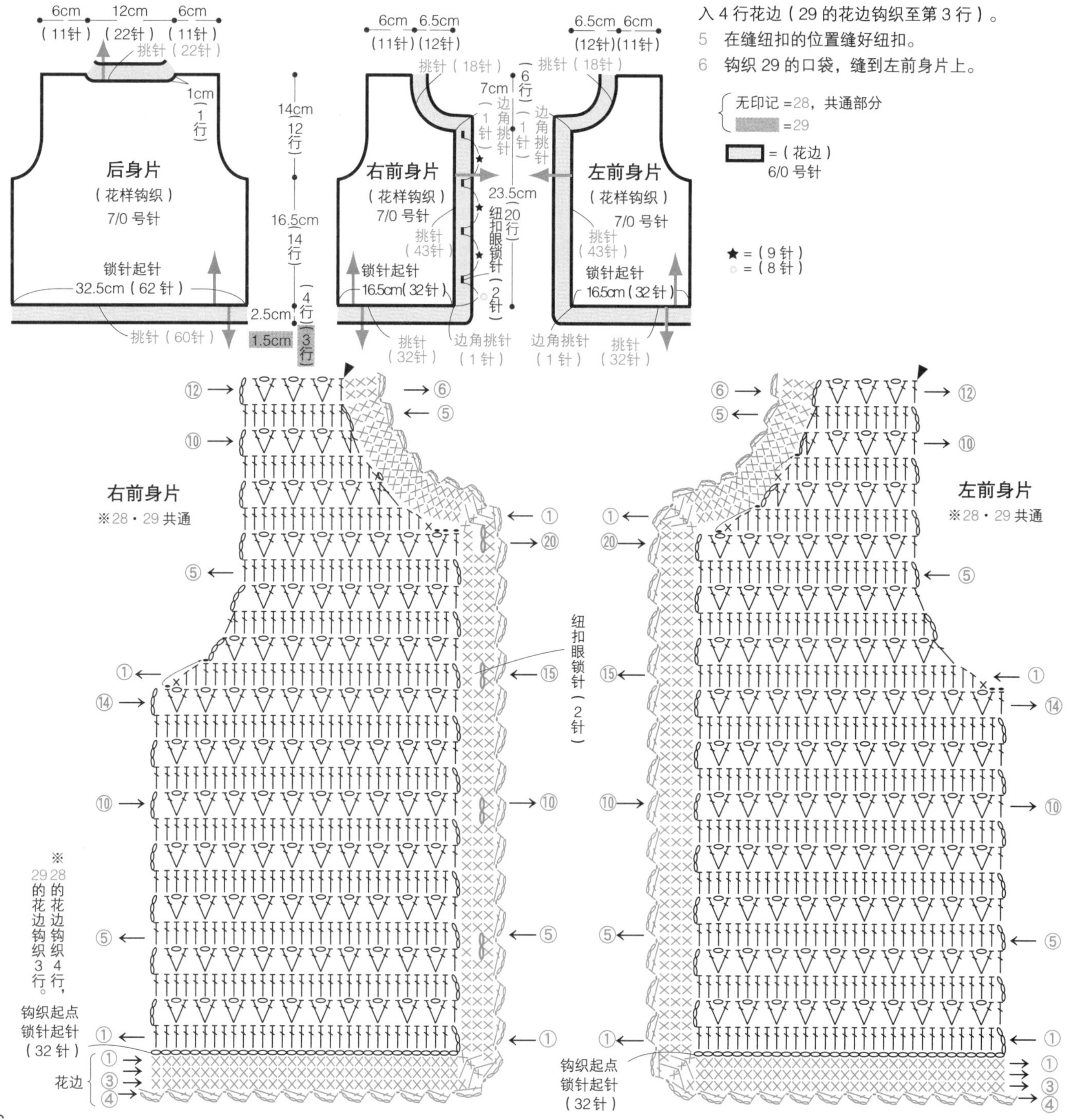

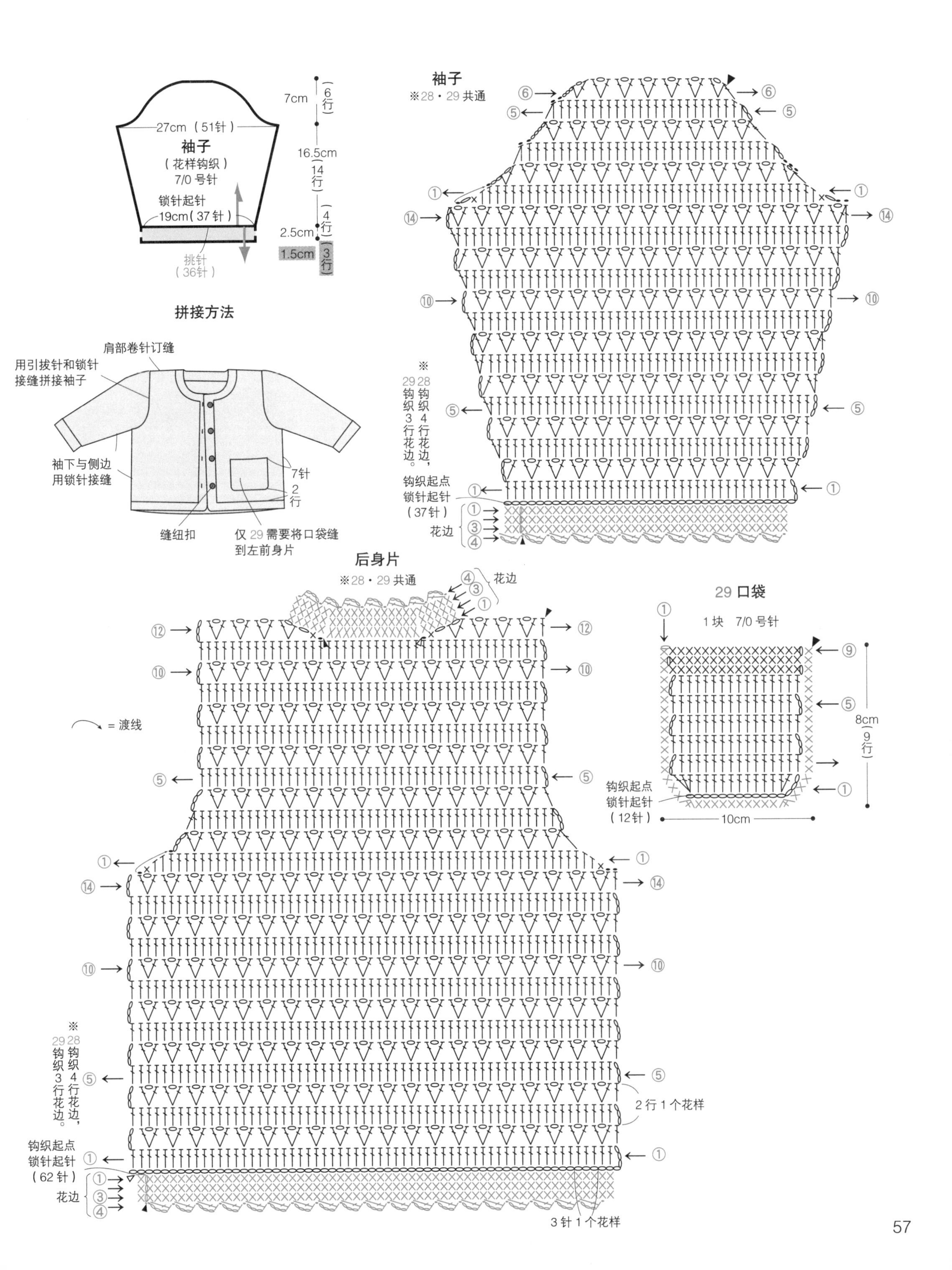

7cm
6行
27cm（51针）
袖子
（花样钩织）
7/0 号针
16.5cm
14行
锁针起针
19cm（37针）
4行
2.5cm
1.5cm
3行
挑针
（36针）
拼接方法
肩部卷针订缝
用引拔针和锁针
接缝拼接袖子
袖下与侧边
用锁针接缝
7针
2行
缝纽扣
仅 29 需要将口袋缝
到左前身片
袖子
※28・29 共通
※29 钩织 3 行花边，28 钩织 4 行花边。
钩织起点
锁针起针
（37针）
花边
后身片
※28・29 共通
花边
= 渡线
29 口袋
1块 7/0 号针
8cm
9行
钩织起点
锁针起针
（12针）
10cm
※29 钩织 3 行花边，28 钩织 4 行花边。
2行 1个花样
钩织起点
锁针起针
（62针）
花边
3针 1个花样

※ 接p46 · 14 背心

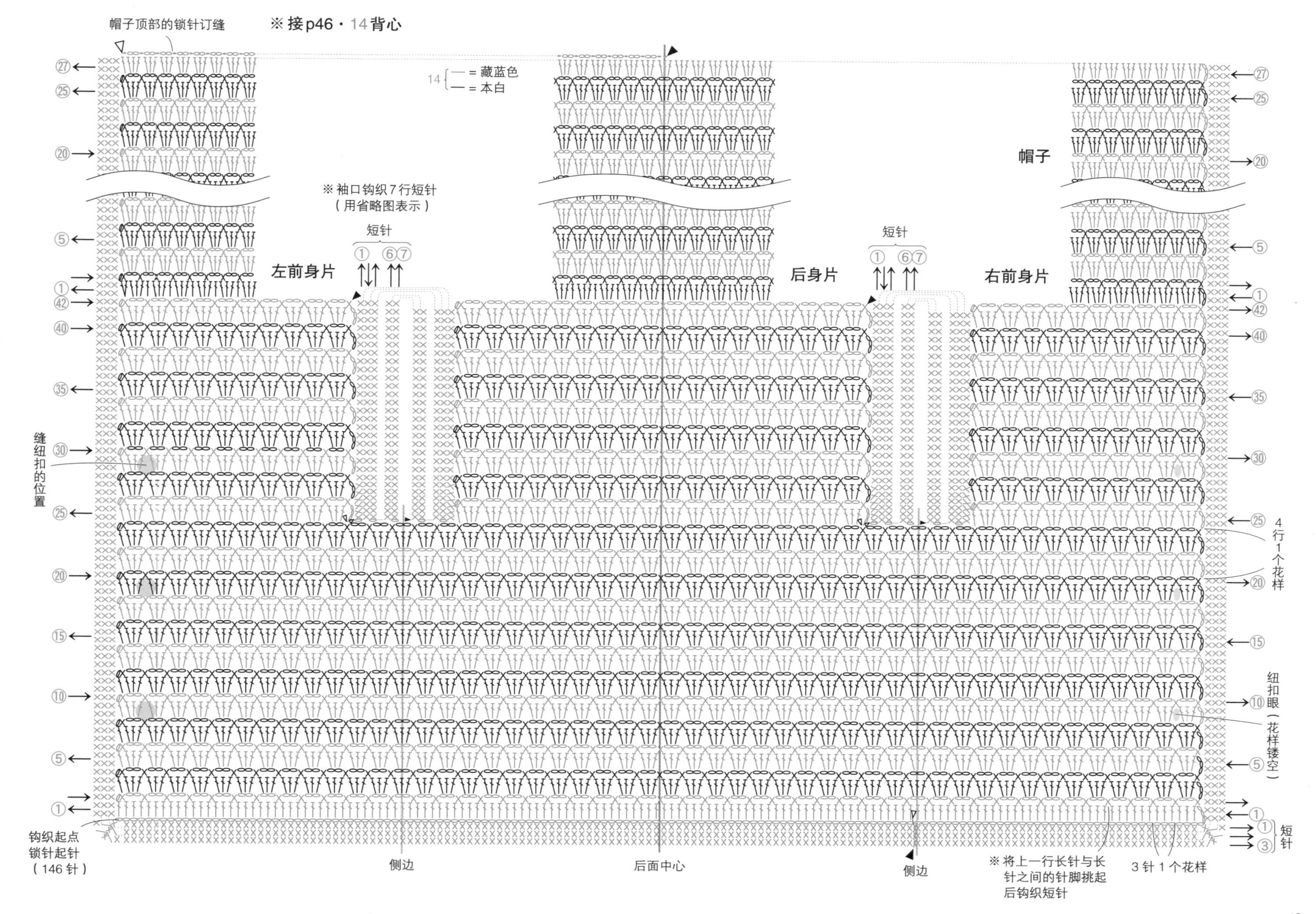
帽子顶部的锁针订缝
14 — = 藏蓝色
— = 本白
※ 袖口钩织 7 行短针
（用省略图表示）
短针
左前身片
后身片
右前身片
帽子
缝纽扣的位置
4行1个花样
纽扣眼（花样镂空）
钩织起点
锁针起针
（146 针）
侧边
后面中心
※ 将上一行长针与长针之间的针脚挑起后钩织短针
3 针 1 个花样

basic lesson 钩针钩织的基础

符号图的看法

根据日本工业规格（JIS），所有的符号表示的都是编织物表面的状况。
钩针钩织没有正面和反面的区别（拉针除外）。交替看正反面进行平针编织时也用相同的符号表示。

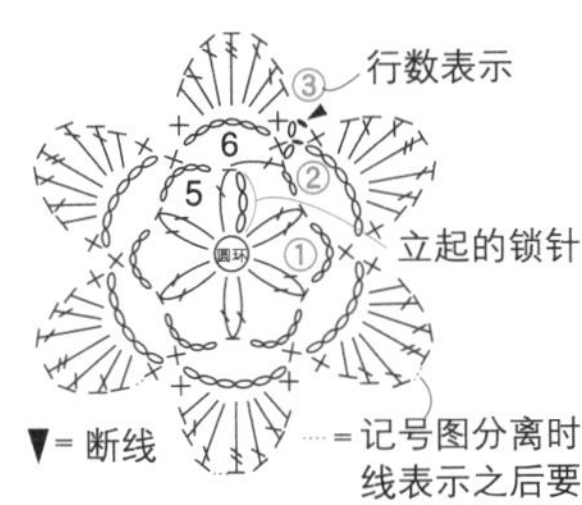

…… = 记号图分离时，虚线表示之后要织入的针法记号图

从中心开始环形编织

在中心处做环（或者锁针针脚），像画圆一样逐行钩织。每行以起立针开始织。通常情况下是正面向上，看着记号图由右向左织。

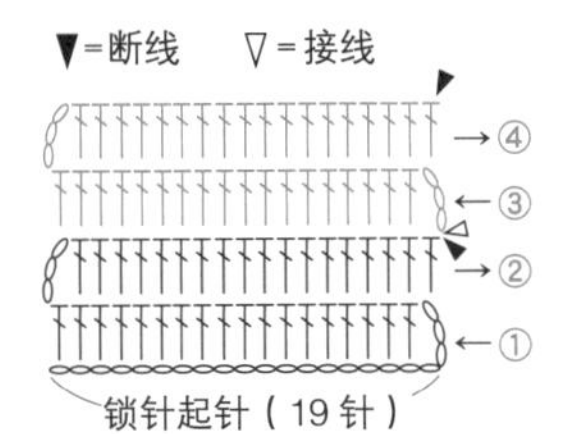

织平针时

特点是左右两边都有起立针，右侧织好起立针将正面向上，看着记号图由右向左织。左侧织好起立针背面向上，看着记号图由左向右织。图中所示的是在第 3 行更换配色线的符号图。

锁针的看法

锁针有正反之分。反面中央的一根线称为锁针的“里山”。

线和针的拿法

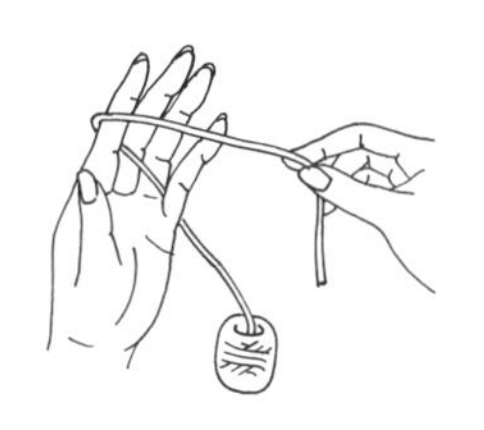

1 将线从左手的小指和无名指间穿过，绕过食指，线头拉到内侧。

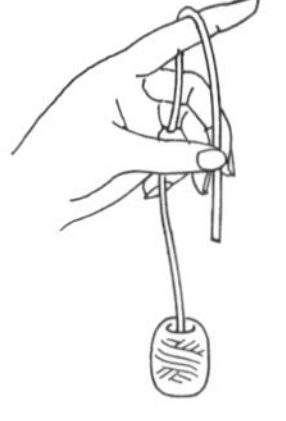

2 用拇指和中指捏住线头，食指挑起，将线拉紧。

3 用拇指和食指握住针，中指轻放到针头处。

起针的方法

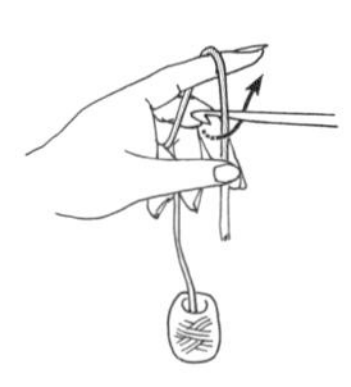

1 针从线的外侧插入，调转针头。

2 然后再在针尖挂线。

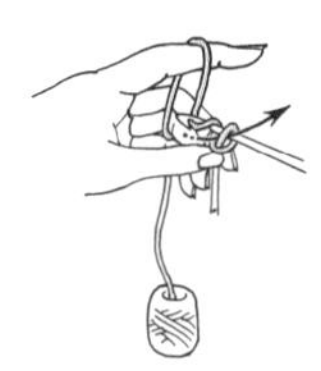

3 钩针从圆环中穿过，再在内侧引拔穿出线圈。

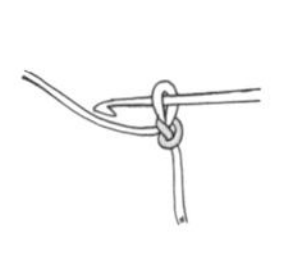

4 拉动线头，收紧针脚，最初的针脚完成（这针并不算做第 1 针）。

起针

从中心开始钩织圆环时（用线头制作圆环）

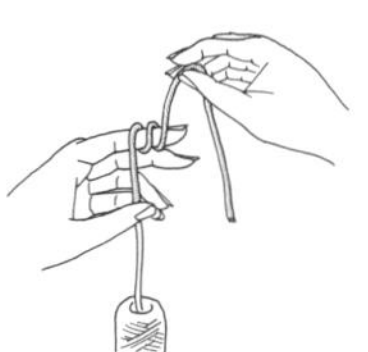

1 将线在左手食指上绕两圈，使之成环状。

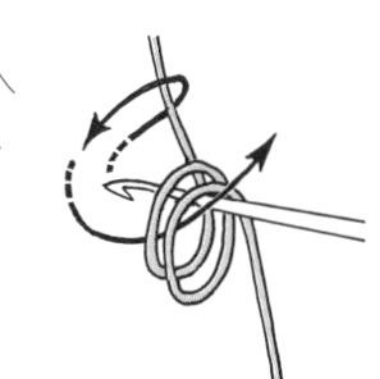

2 从手指上脱下已缠好的线圈，将针穿过线圈，把线钩到前面。

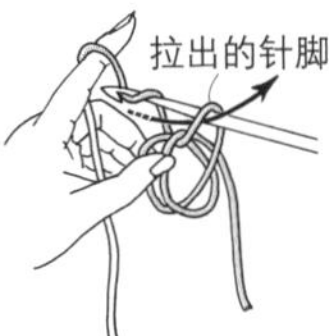

3 在针上挂线，将线拉出，钩织 1 针立起的锁针。

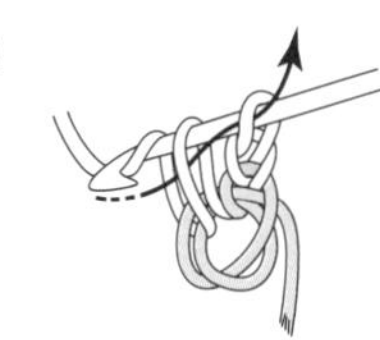

4 织第 1 行，在线圈中心入针，织需要的针数。

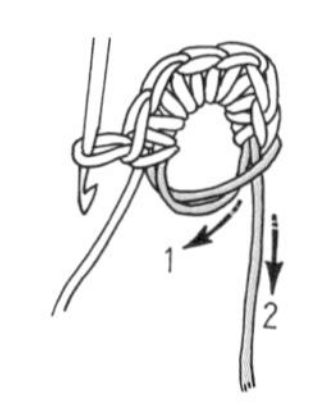

5 将针抽出，将最开始的线圈的线和线头抽出，收紧线圈。

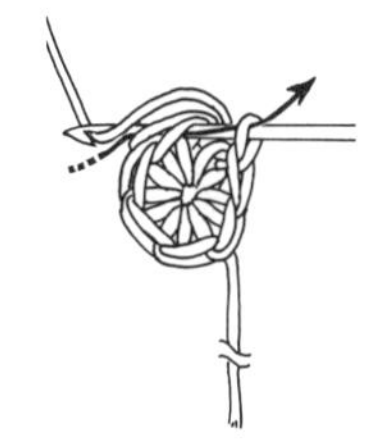

6 在第 1 行结束时，在最开始的短针头针处入针，将线拉出。

从中心开始钩织圆环时（用锁针做圆环）

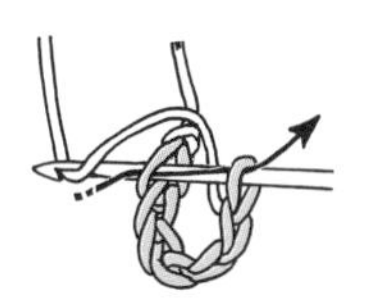

1 织入必要数目锁针，然后把钩针插入最初锁针的半针中引拔钩织。

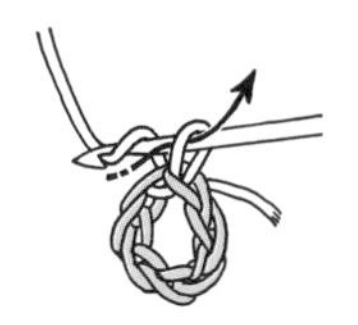

2 针尖挂线后引拔抽出线，钩织立起的锁针。

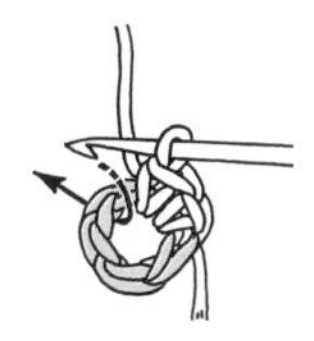

3 钩织第 1 行时，将钩针插入圆环中心，然后将锁针成束挑起，再织入必要数目的短针。

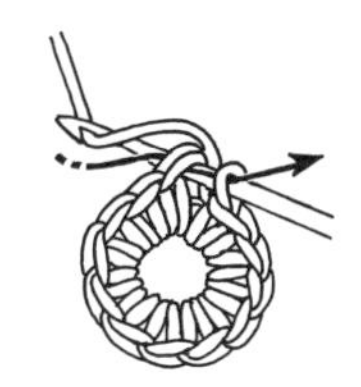

4 第 1 行结束时，钩针插入最初短针的头针中，挂线后引拔钩织。

平针钩织时

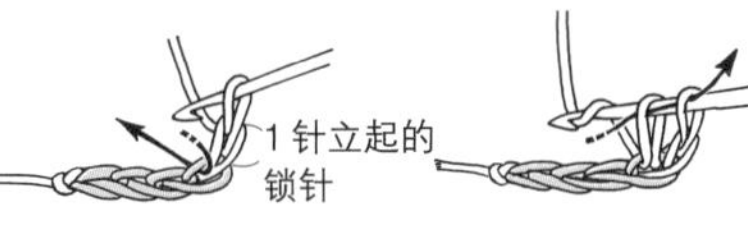

1 织入必要数目的锁针和立起的锁针，在从头数的第 2 针锁针中插入钩针。

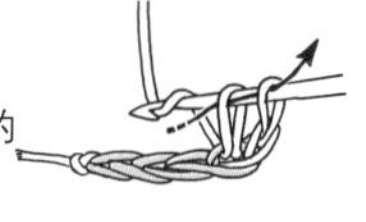

2 针尖挂线后再引拔抽出线。

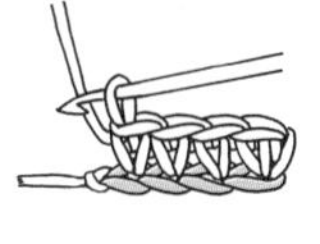

3 第 1 行钩织完成后如图。（立起的 1 针锁针不算做 1 针）。

将上一行针脚挑起的方法

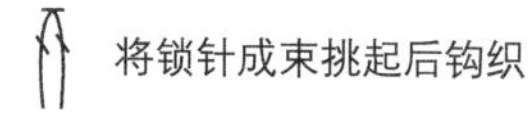

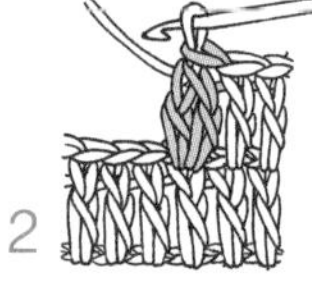
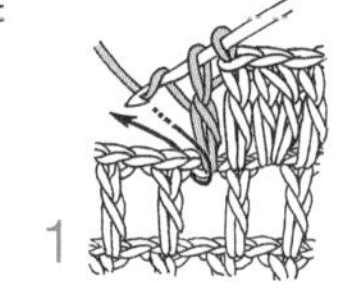
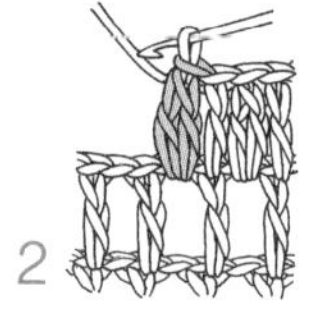

即便是同样的枣形针，根据不同的记号图挑针的方法也不相同。记号图的下方封闭时表示在上一行的同一针中钩织，记号图的下方开合时表示将上一行的锁针成束挑起钩织。

针法符号

锁针

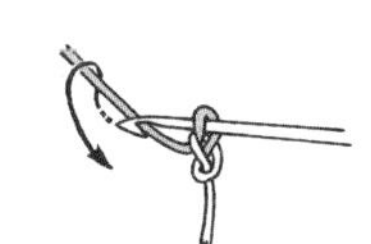
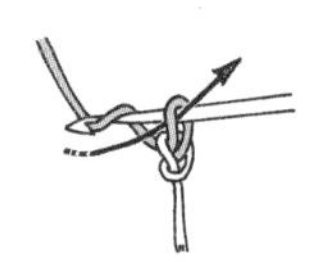
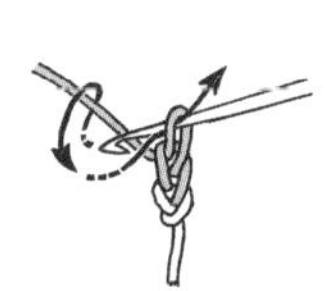

1 织起针，按箭头方向移动钩针。

2 针上挂线拉出线圈。

3 重复相同动作。

4 5针锁针完成。

引拔针

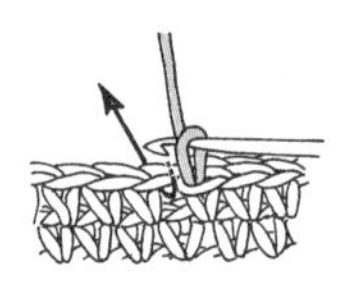

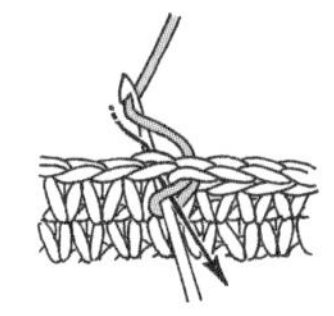

1 在前一行插入钩针。

2 针上挂线。

3 把线一次性引拔穿过。

4 1针引拔针完成。

短针

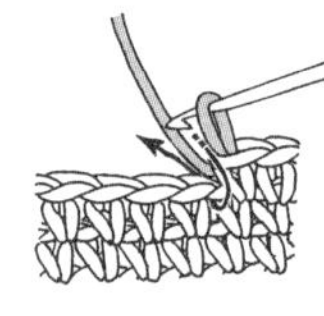
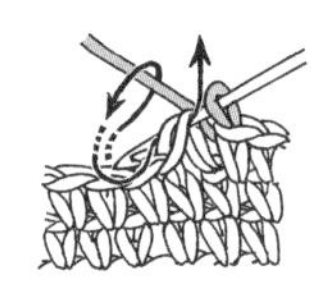
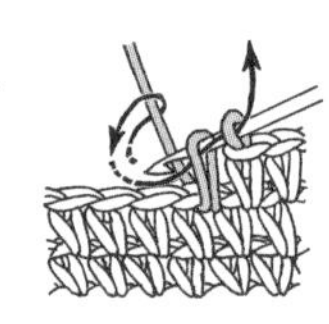

1 将钩针插入上一行的针脚中。

2 针上挂线，从内侧引拔穿过线圈。

3 再次针上挂线，一次性引拔穿过2个线圈。

4 1针短针完成。

中长针

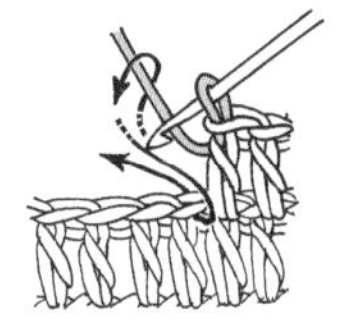
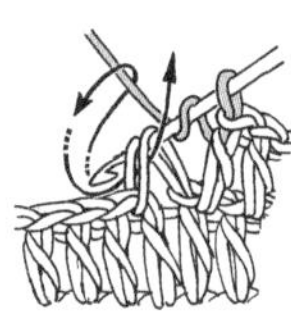
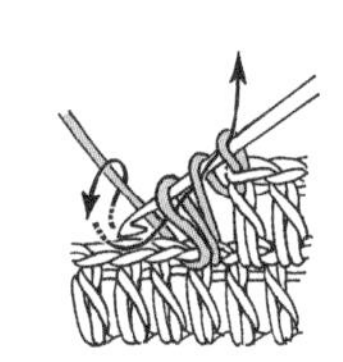
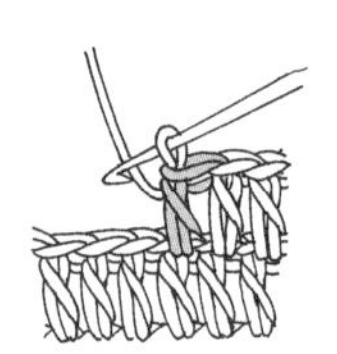

1 针上挂线后，把针插入前一行。

2 再次针上挂线，从内侧引拔穿过线圈（引拔钩织完的状态称为未完成的中长针）。

3 针上挂线，一次性引拔穿过3个线圈。

4 1针中长针完成。

长针

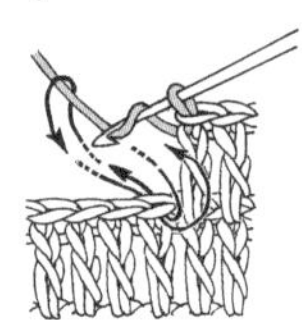
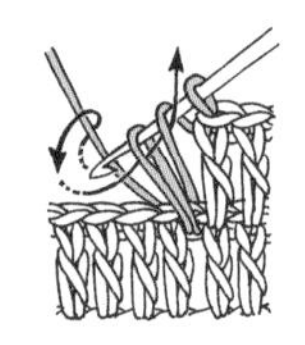
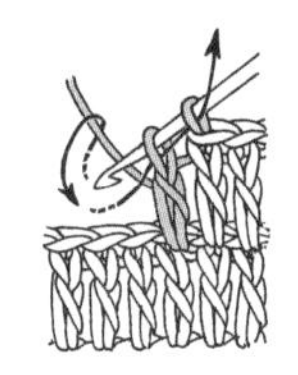

1 针上挂线后把针插入前一行，再针上挂线，把线圈抽出。

2 按箭头所指方向，针上挂线后引拔穿过2个线圈（引拔钩织完的状态称为未完成的长针）。

3 再次针上挂线，引拔穿过剩下的2个线圈。

4 1针长针完成。

长长针　三卷长针

※括号内为三卷长针的次数。

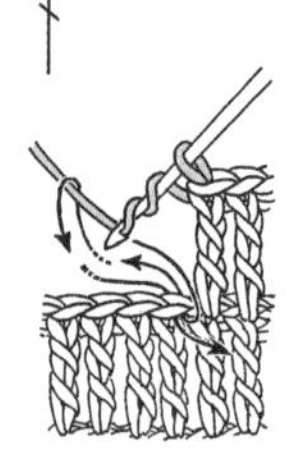
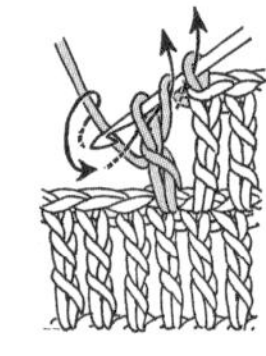
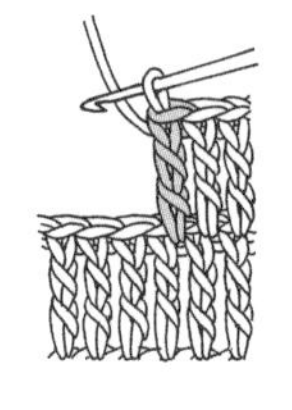

1 线在针尖缠2圈（3圈）后，钩针插入上一行的针脚中，然后在针上挂线，从内侧引拔穿过线圈。

2 按照箭头所示方向，引拔穿过2个线圈。

3 重复相同动作2次（3次）。

4 完成1针长长针。

锁3针的引拔小链针

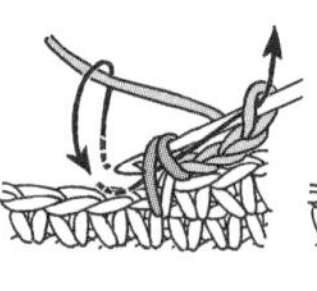
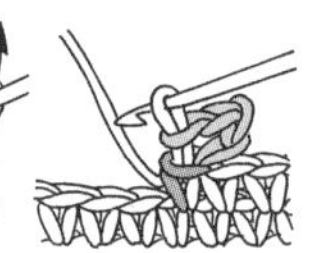

1 织3针锁针。

2 将钩针从短针的顶端及底部依次穿过。

3 针上挂线，然后从3个线圈中一次性引拔穿过。

4 锁3针的引拔小链针完成。

短针 2 针并 1 针

1 按照箭头所示，将钩针插入上一行的 1 个针脚中，引拔穿过线圈。

2 下一针也按同样的方法引拔穿过线圈。

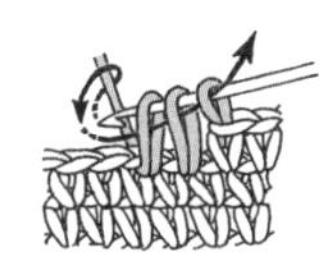

3 针上挂线，引拔穿过 3 个线圈。

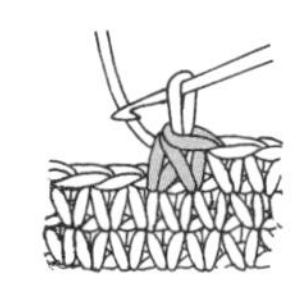

4 短针 2 针并 1 针完成。呈现比上一行少 1 针的状态。

短针 1 针分 2 针　短针 1 针分 3 针

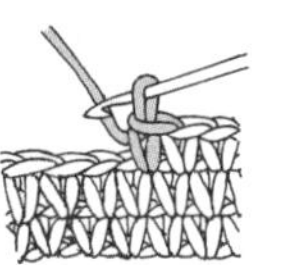

1 在上一行的针脚中钩织 1 针短针。

2 钩针插入同一针脚中，从内侧引拔抽出线圈，织入短针。

3 织入 2 针短针后如图。再在同一针脚中织入 1 针短针。

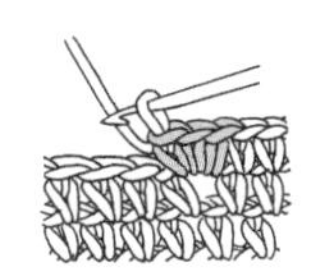

4 上一行的一个针脚中织入了 3 针短针。呈现比上一行多 2 针的状态。

长针 2 针并 1 针

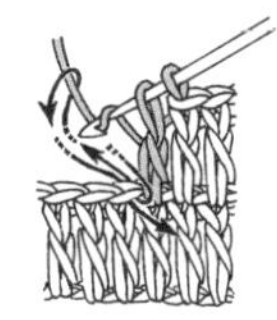

1 在上一行 1 针处织未完成的长针，然后按箭头所示，将钩针插入下一针脚中，抽出毛线。

2 针上挂线，一次性引拔穿过 2 个线圈，织第 2 针未完成的长针。

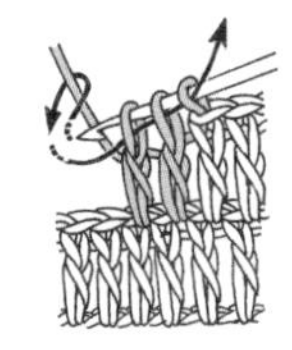

3 针上挂线，一次性引拔穿过 3 个线圈。

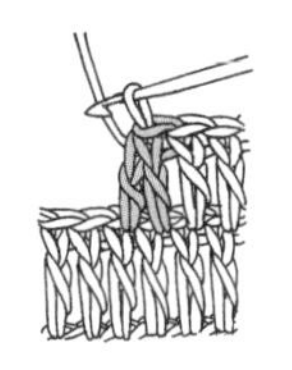

4 长针 2 针并 1 针完成。比前一行减少 1 针。

长针 1 针分 2 针

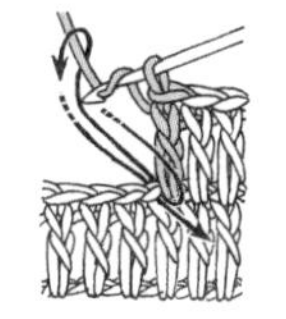

1 织 1 针长针，同一针脚中再织 1 针长针。

2 针上挂线，引拔穿过 2 个线圈。

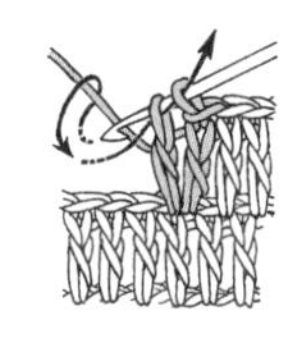

3 再针上挂线，引拔穿过剩下的 2 个线圈。

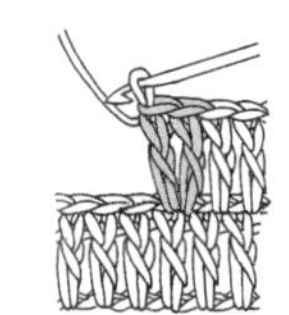

4 在上一行的同一针脚中织了 2 针长针。比前一行增加 1 针。

长针 3 针的枣形针

※ 中长针 3 针的枣形针参照步骤 1 未完成的中长针（参照 p60）钩织。

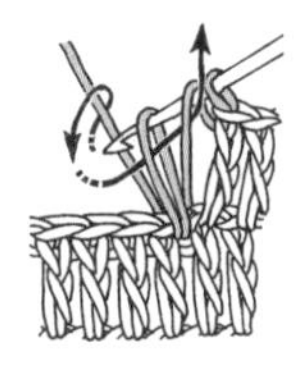

1 在上一行的线圈中，织 1 针未完成的长针。

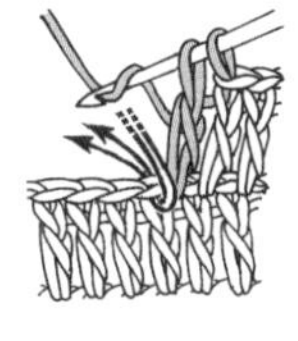

2 在同一针脚中插入钩针，再织入 2 针未完成的长针。

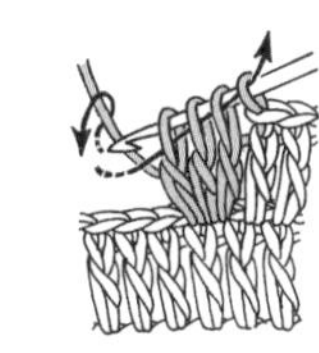

3 针上挂线，一次性引拔穿过 4 个线圈。

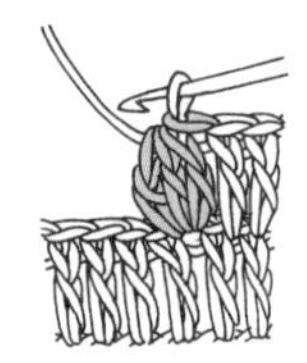

4 长针 3 针的枣形针完成。

中长针 2 针的变化枣形针　中长针 3 针的变化枣形针

※括号内为 3 针时的针数。

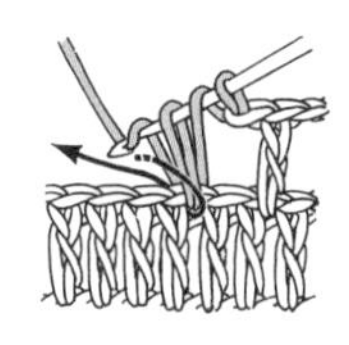

1 钩针插入上一行的针脚中，织入 2 针（3 针）未完成的中长针。

2 针上挂线，按照箭头所示引拔穿过 4 个（6 个）线圈。

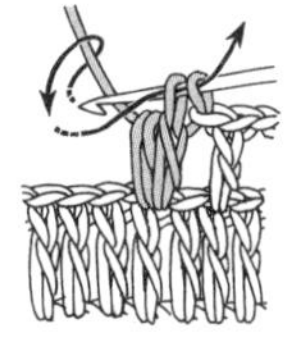

3 再针上挂线，一次性引拔穿过剩余的线圈。

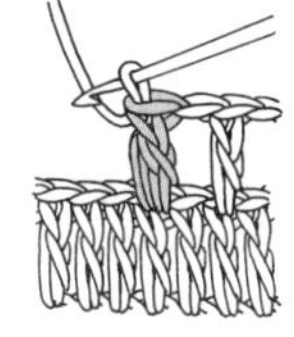

4 中长针 2 针的变化枣形针完成。

长针的正拉针

※ 用往复钩织的方法看着织片反面，织入反拉针。

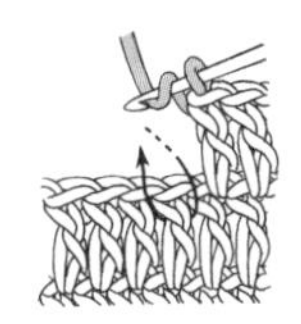

1 针上挂线，按箭头所示从正面将钩针插入上一行长针的尾针中。

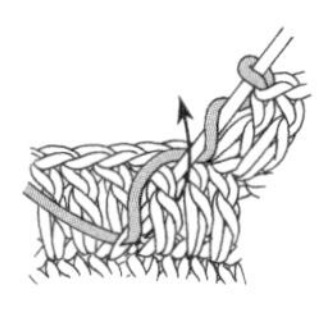

2 针上挂线，拉长编织线。

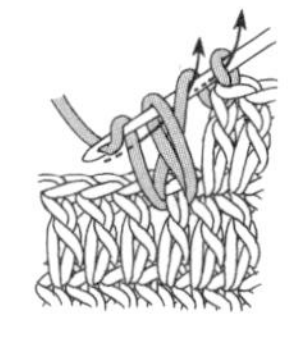

3 再针上挂线，引拔穿过两个线圈。同样的动作重复 1 次。

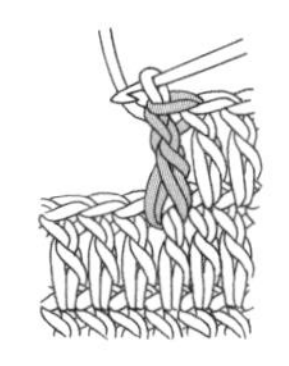

4 1 针长针的正拉针完成。

长针的反拉针

※ 用往复钩织的方法看着织片反面，织入正拉针。

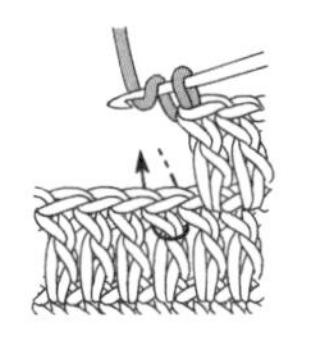

1 针上挂线，按箭头所示从反面将钩针插入上一行长针的尾针中。

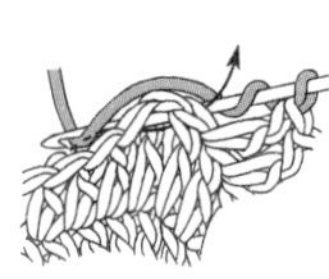

2 针上挂线，按箭头所示从织片的外侧引拔抽出线。

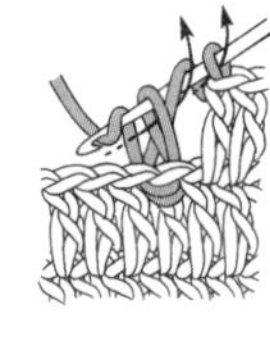

3 再针上挂线，引拔穿过两个线圈。同样的动作重复 1 次。

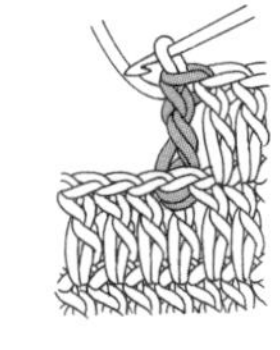

4 1 针长针的反拉针完成。

basic lesson 棒针编织的基础

符号图的看法

根据日本工业规格（JIS），所有的符号表示的都是编织物表面的状况。
用棒针进行平行编织时，箭头所示的←行表示看着正面编织，从右往左参照符号图，织入对应的针法。
箭头所示的→行则表示看着反面编织，从左往右参照记号图，织入相反的针法（例如，记号图所示为下针，则织入上针；所示为上针，则织入下针）。本书的起针行为第1行。

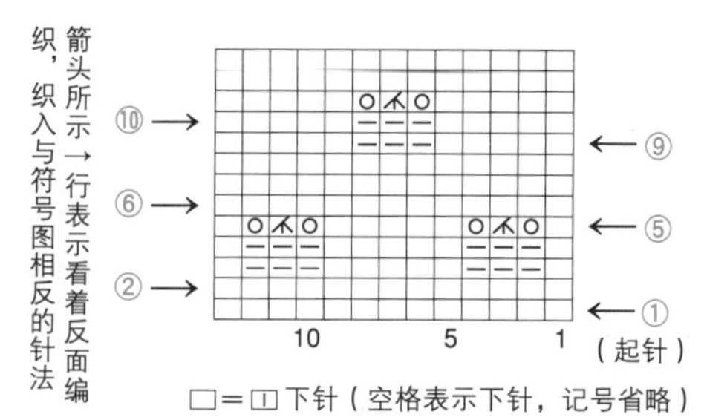

用手指起针

最初的起针方法

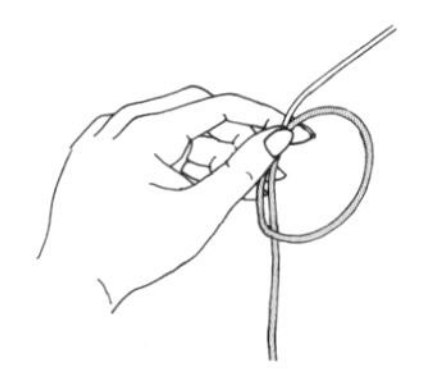

1 留出长约作品宽度3倍的线头，制作圆环。

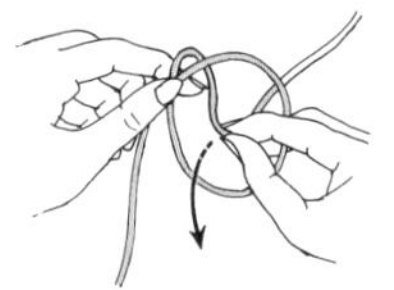
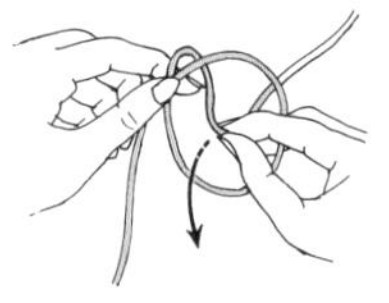

2 右手的大拇指与食指伸到圆环中，拉出线圈。

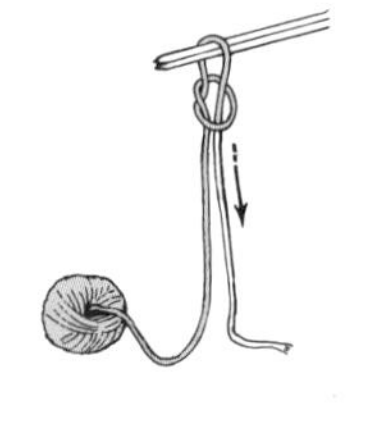

3 两根棒针穿入之前的线圈中，拉动线头，收紧针脚。此为最初的第1针。

起针（第1行）

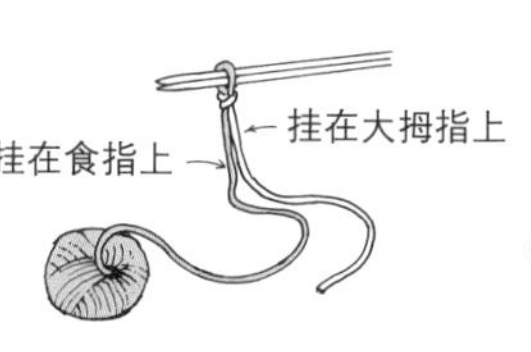

1 完成开头的第1针后，将线团侧的线挂到左手的食指上，另一侧的线头则挂到大拇指上。

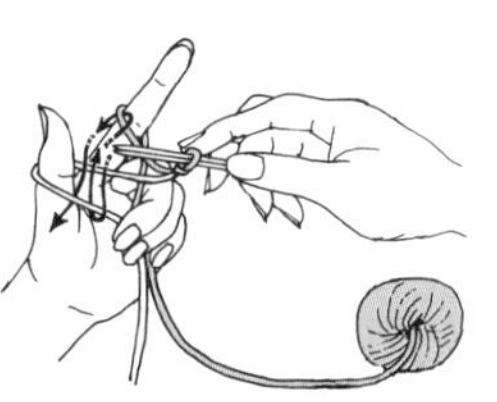

2 按照箭头所示转动棒针，针上挂线。

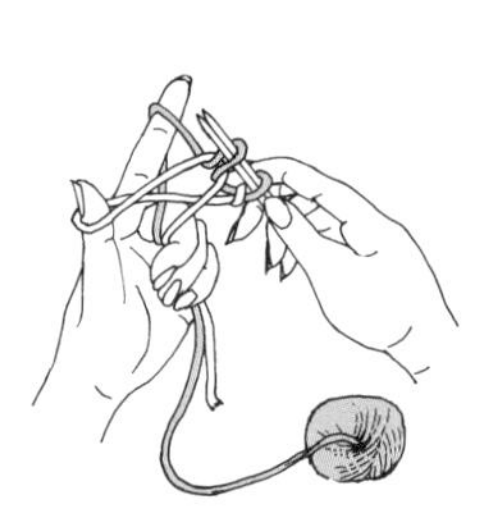

3 轻轻滑脱大拇指上的线。

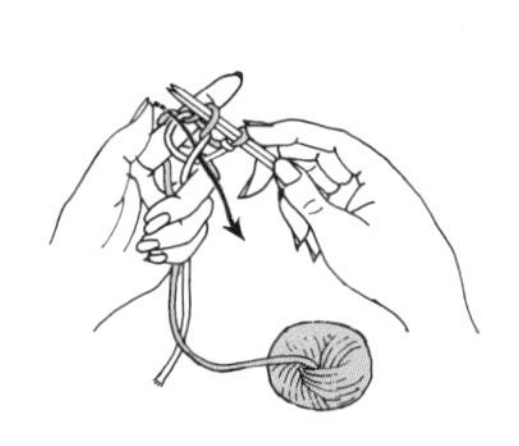

4 按箭头所示用大拇指将线挑起，往外拉紧。

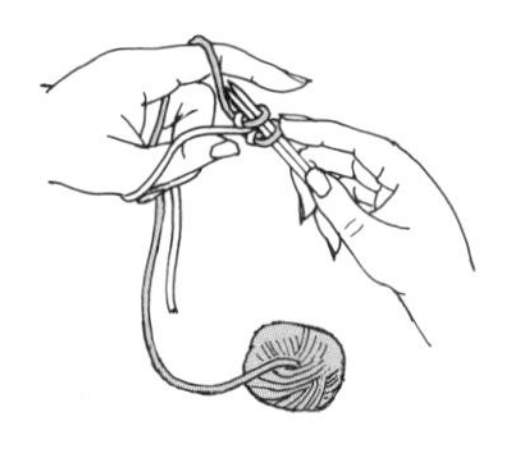

5 第2针完成。按照步骤2~4的要领织入第3针。

6 起针（第1行）完成后如图。抽出1根棒针，然后用这根棒针继续编织。

锁针起针

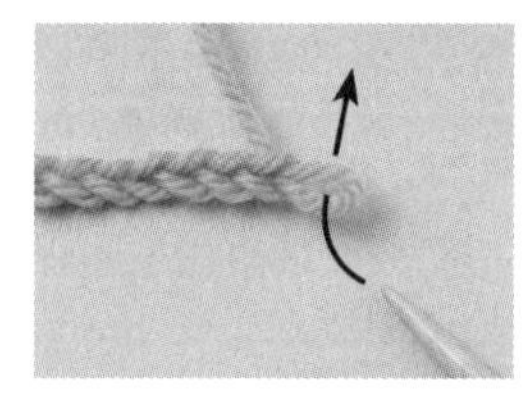

1 用钩针织入必要针数的锁针，最后一针移到棒针上。此针算做第1针。

2 然后将钩针插入锁针里山的第2针中（锁针的里山→参照p59锁针的看法）。

3 插入棒针后再挂线，引拔抽出。

4 引拔抽出后如图。

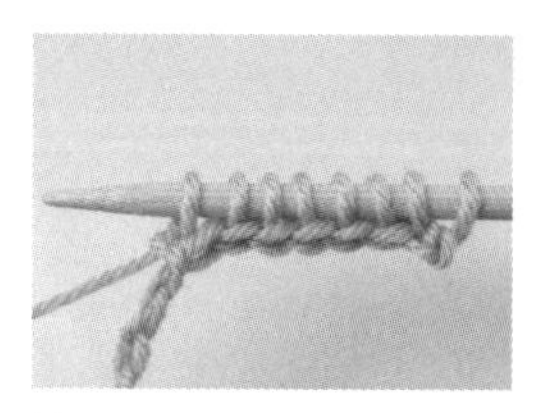

5 用同样的方法逐一编织锁针。此即第1行。

下针

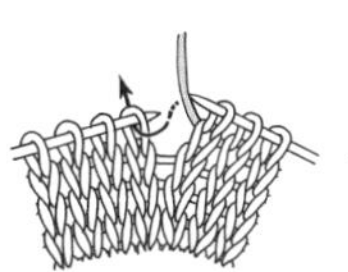
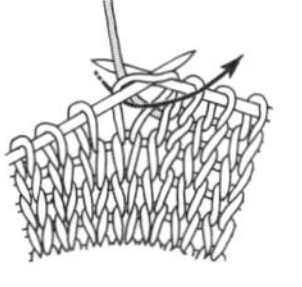
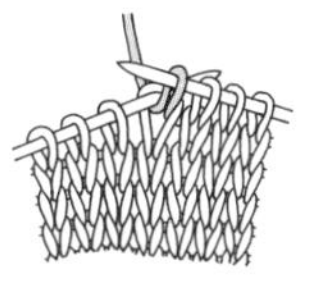
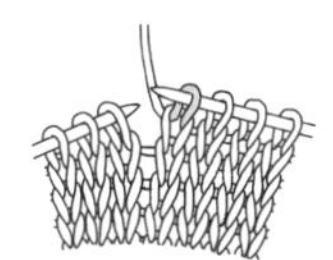

1 编织线置于外侧，按照箭头所示从内侧插入右针。

2 在右针上挂线，然后按照箭头所示引拔抽出。

3 用右针引拔抽出线，之后将左针上的线圈滑脱。

4 下针完成。

上针

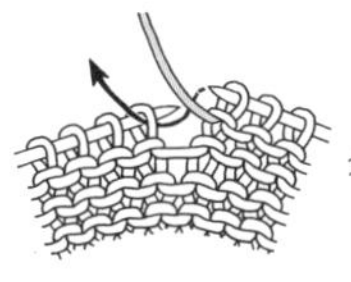

1 编织线置于内侧，按照箭头所示从外侧插入右针。

2 按照图示方法挂线，然后沿箭头从外侧引拔抽出线。

3 用右针引拔抽出线，之后将左针上的线圈滑脱。

4 上针完成。

挂针

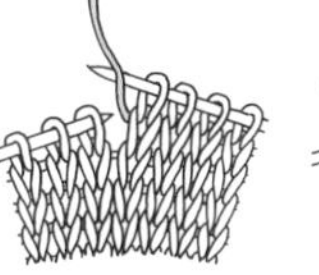
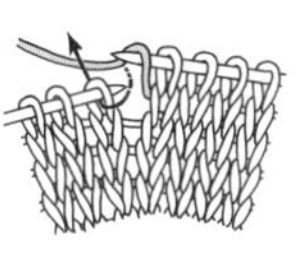
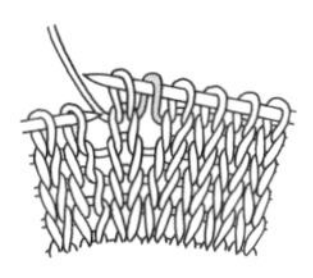
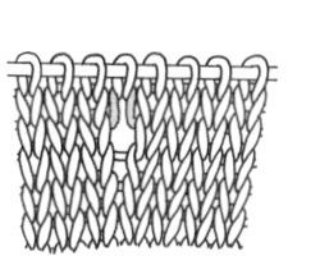

1 编织线置于内侧。

2 按照图示方法，从内侧将线挂到右针上，然后再按箭头所示将右针插入下一针脚中。

3 织入1针挂针、1针下针后如图。

4 编织完下一行后如图。挂针的位置出现小孔，比下一行少1针。

伏针（伏针收针）

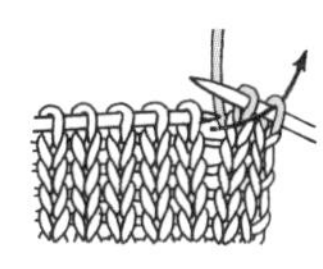

1 顶端的2针织入下针，然后按照箭头所示将左针插入右端的针脚中。

2 按照图示方法，用右端的针脚盖住与其相邻的针脚。

3 左针的针脚中织入1针下针，然后再用右针的针脚将其盖住。如此重复。

4 处理终点处的针脚时，按照图示方法，先将线头穿入针脚中，再收紧。

右上2针并1针

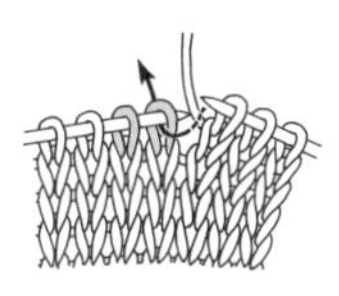
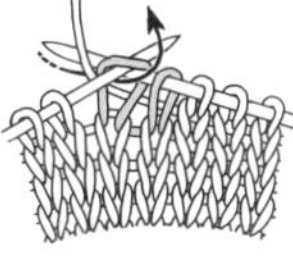

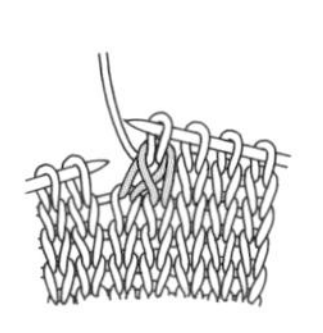

1 按照箭头所示，从内侧插入右针，不用编织，直接把针脚移至右针，然后变换方向。

2 右针插入左针上的下一针脚中，挂线后织入下针。

3 左针插入步骤1中移至右针的那个针脚中，按照箭头所示盖住左侧的针脚。

4 右上2针并1针完成。

左上2针并1针

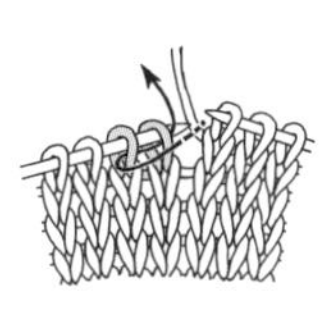
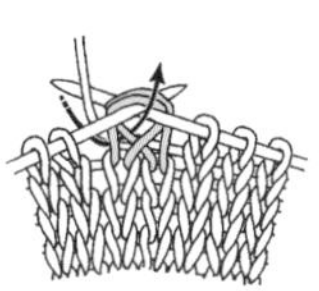
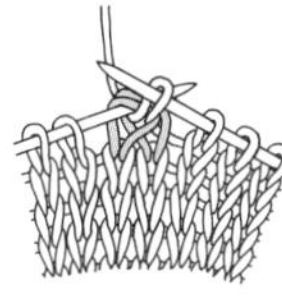
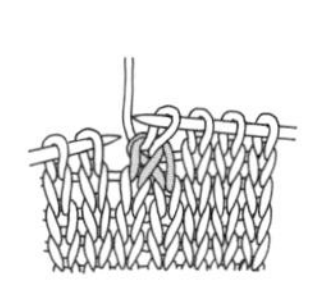

1 按照箭头所示，从左侧将针插入2个针脚中。

2 然后按照箭头所示挂线，两针一起编织。

3 用右针引拔抽出线后，将左针上的线圈滑脱。

4 左上2针并1针完成。

上针的右上2针并1针

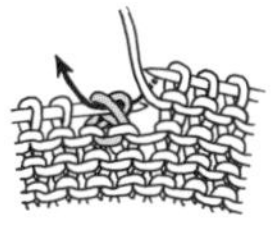
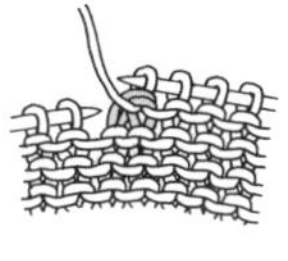

1 交换左针顶端的2个针脚，使右侧的针脚置于内侧。

2 按照箭头所示插入针，挂线后织入2针并1针。

3 上针的右上2针并1针完成。

※也可按照箭头所示的方法插入针，编织左针的2个针脚。

上针的左上2针并1针

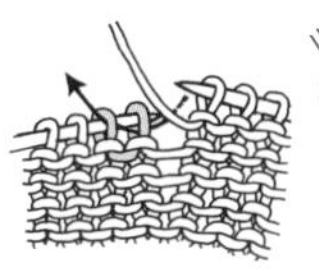
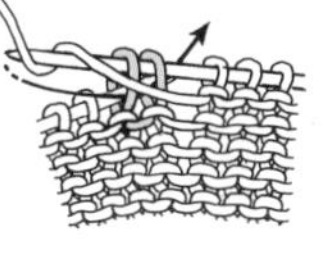

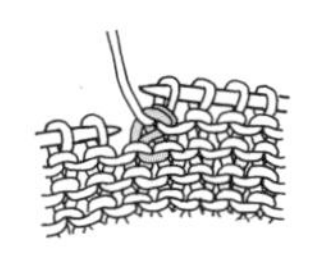

1 按照箭头所示将针插入左针的2个针脚中。

2 针上挂线，按照箭头所示引拔抽出。

3 2针并1针的上针编织完成后，将左针的线圈滑脱。

4 上针的左上2针并1针完成。

左上3针交叉

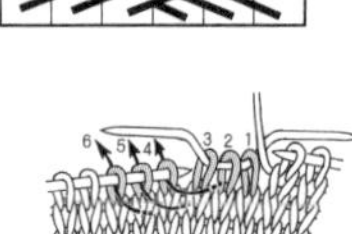

1 将左针上的3个针脚移到其他针上，置于外侧。然后将右针插入第4个针脚中，织入下针。

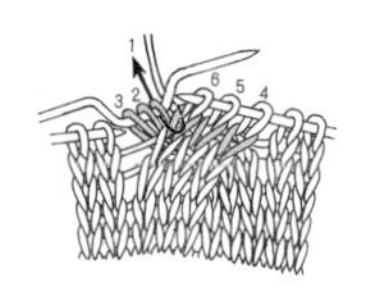

2 第5、6针也按同样的方法编织。

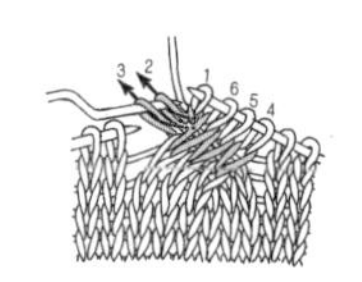

3 在之前移至其他针的3个针脚中织入下针。

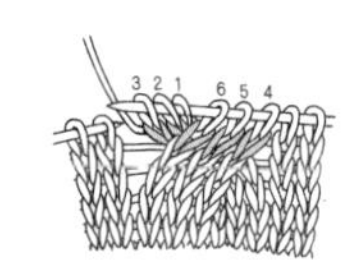

4 左上3针交叉完成。

左上1针与2针的交叉

按照左上3针交叉的要领，先将左针上的2个针脚移到其他针上，置于外侧。然后在第3个针脚中织入下针，最后在之前移至其他针上的2个针脚中织入下针。

用四根棒针编织环形

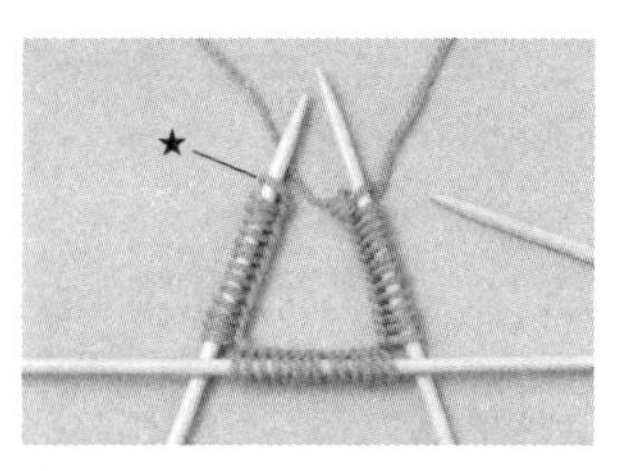

1 起针后，将针脚分到3根棒针上。此即第1行。从下一行开始用第4根棒针编织。先在起点处留出印记（★），方便之后计算针数、行数。

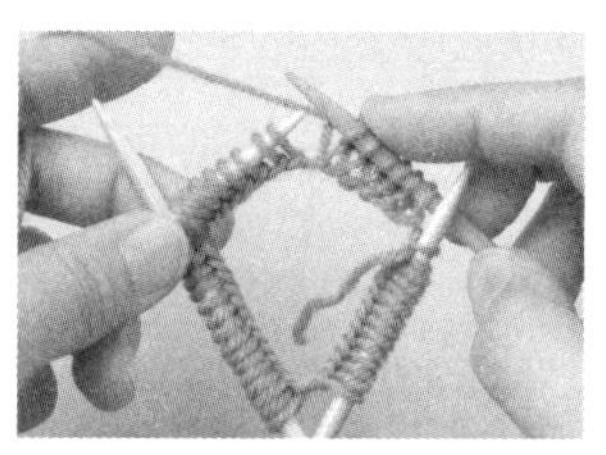

2 用第4根棒针织入数针后如图。

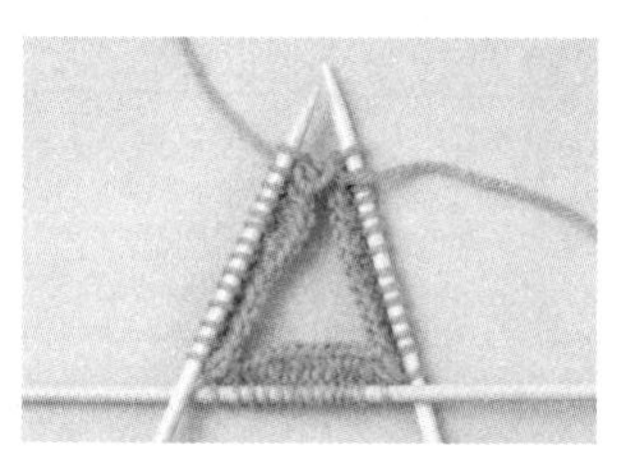

3 织入数行后如图。为了避免棒针之间的针脚松散，编织时可错开分针的位置。

其他基础检索

钩针钩织

锁针接缝、订缝…p4

引拔针接缝、订缝…p4

卷针订缝…p5

长针的交叉针（中心锁1针）…p5

拼接袖子的方法…p5

棒针编织

挑针接缝…p6

盖针订缝…p6

上下针订缝、针数各异的情况…p6

钩针日制针号换算表

日制针号	钩针直径	日制针号	钩针直径
2/0	2.0mm	8/0	5.0mm
3/0	2.3mm	10/0	6.0mm
4/0	2.5mm	0	1.75mm
5/0	3.0mm	2	1.50mm
6/0	3.5mm	4	1.25mm
7/0	4.0mm	6	1.00mm
7.5/0	4.5mm	8	0.90mm